Raccolta monografica WorkShop UAV e 3D City Models

Dal rilievo con i sistemi APR ai sistemi MMS e delle Stazioni Fotogrammetriche Portatili

Perugia Gennaio 2016

Associazione Culturale
Geo-Fly.org

Edizioni wipub © 2016
collana MyGEO
stampa www.createspace.com
ISBN: 978-1530465637
Versione ebook www.amazon.it

Disclaimer

Quello che facciamo per noi stessi muore con noi.
Quello che facciamo per gli altri e per il mondo rimane ed è immortale
Albert Pine

Ai "bindoli", questi sconosciuti, utili e buoni, e al mio cane
utile a se stesso e alla mia passione per la vita
D.S.

Indice

Raccolta monografica
WorkShop UAV e 3D City Models
Perugia - Gennaio 2016

Introduzione - Questa raccolta di relazioni, slides, schede prodotti e riferimenti bibliografici, rappresenta la buona conclusione del workshop tenutosi a Perugia in accordo con le esigenze di fare chiarezza sulle problematiche geo-topografiche di contesto all'uso dei sistemi UAV nell'ambito delle applicazioni fotogrammetriche e non.

Il focus point del workshop era di fatto organizzato sulle parole chiave UAV, 3D Models, Rilievo Territoriale e Beni Culturali. Questa scelta è stata dettata dalla necessità di mettere a fattor comune le varie tecnologie di base utilizzate nei numerosi settori a cui, oggi, un professionista deve far riferimento per rimanere aggiornato e poter monitorare una situazione fluida ed in costante evoluzione.

L'insieme delle relazioni tenutesi durante il workshop ha da un lato aperto scenari di cui poco si parla nel contesto dei tecnici del territorio, geometri e altre categorie professionali, e dall'altro ha riportato l'attenzione sulla fotogrammetria come scienza del rilevamento primaria. Nonostante abbia quasi un secolo di storia e, per certi versi, sia caduta in disuso negli ultimi anni, la fotogrammetria è una tecnica mai del tutto sopita e che risulta anzi rinnovata dalle tecnologie geomatiche più diffuse oggi.

Ma gli obiettivi di questo incontro sono stati anche altri come ben sintetizzato nel messaggio di apertura dei lavori di Geo-Fly: "*Con questa iniziativa di formazione, si vuole sollecitare la fantasia creativa e le opportunità di lavoro per i tecnici del territorio, geometri per lo più, che attraverso la convergenza del mondo del 3D, del rilievo geo-topografico e territoriale, e dei droni, possono puntare a diventare attori di primo piano, nell'economia digitale promossa dalla filiera di Google e del web 3.0*". A Perugia abbiamo visto all'opera diversi attori della scena APR italiana, in primis diverse aziende leader nel proprio mercato di riferimento come **GeoWeb** (www.geoweb.it), **FlyTop** (www.flytop.it) e **Menci Software** (www.menci.com), che hanno sostenuto l'evento in diversi modi. Tra i relatori invece sono intervenuti esperti di lunga data sui temi trattati, spaziando dalla topografia e fotogrammetria di prima generazione fino all'attualità dei *Sistemi Fotogrammetrici Portatili* come gli APR. Numerosi sono stati i riferimenti al mondo dei sistemi MMS, alle camere *multispaziali* (sferiche) per il rilievo topografico avanzato e al mercato delle applicazioni di prossima generazione come i 3D City Models delle città storiche italiane, che Perugia ben rappresenta.

Una particolare menzione merita il Collegio dei Geometri e Geometri Laureati di Perugia, con il cui supporto è stato possibile proporre questo percorso di formazione, e che ha certificato ai propri iscritti un totale di 16 CFP.

Un ruolo chiave per la riuscita dell'iniziativa è stato quello di In2Geo (www.in2geo.it), partner locale di Geo-Fly che opera nel campo delle tecnologie geospaziali tradizionali e avanzate.

La formazione continua in topografia.

A cura di Otello Grassi,
Collegio provinciale dei Geometri di Perugia

Qualcuno potrebbe pensare che il tripudio mirabolante delle attuali tecnologie di rilevamento abbia decretato la fine della topografia, una scienza oramai superata e sostituita da tecniche e procedure capaci di fornire automaticamente risposta alle esigenze di conoscenza del territorio, fruibili facilmente anche da soggetti non "addetti ai lavori".

Questa situazione si è venuta a creare per la concomitanza di alcuni fattori:
• esigenze commerciali delle società produttrici di strumenti e software, che hanno promosso campagne informative talvolta mendaci o incomplete;
• errori di valutazione, da parte degli utenti, della effettiva potenzialità dei prodotti sponsorizzati;
• degrado generale della formazione topografica istituzionale (ad esempio gli Istituti Tecnici per Geometri) causata dalla impreparazione di molti docenti e dalla drastica riduzione delle ore di insegnamento.

Sarebbe troppo lungo entrare nel merito delle suddette questioni e mi limiterò a lanciarc un messaggio di speranza e di incoraggiamento a tutti i colleghi "topografi" ,vecchi e nuovi, ricordando loro che la nostra Grande Topografia ha superato prove ben più dure di quelle attuali, resistendo nei secoli anche alle forti aggressioni dell'oscurantismo religioso e politico, ma lavorando sempre per il progresso delle tecnologie e della qualità dei risultati.

C'è da ricordare come, a partire da Eratostene, l'evoluzione della "NOSTRA", è stata continua e di rigoroso contenuto scientifico. Le sue definizioni e le sue regole sono, oggi più che mai, di validità universale e descrivono senza ambiguità tutti i processi di cui si occupano.

Per ribadire quanto la Topografia sia insostituibile, basterebbe domandarsi quali tecnologie non topografiche possano oggi gestire le attività di cantiere, i tracciamenti stradali, le attività di monitoraggio, gli appoggi per fotogrammetria terrestre ed aerea, gli appoggi per la georeferenziazione dei rilevamenti con tecnica laser scanner, le misure di riattacco cartografico, le attività catastali, le reti geodetiche.

Generalmente, le misure di distanze ed angoli di elevata precisione possono essere effettuate solo con l'uso di specifiche strumentazioni topografiche tradizionali (stazioni totali). Campo specifico del topografo tradizionale.

È ovvio che si debbano riconoscere i meriti e l'importanza delle innovazioni tecnologiche attuali, capaci di fornire i mezzi per la descrizione contestuale e più completa degli oggetti osservati. Ma appare altrettanto chiaro che il rilevamento moderno necessita della partecipazione di più professionalità, compresa quella topografica, per la quale è auspicabile una continua attività d'aggiornamento formativo, istituzionale ed in collaborazione con gli ordini e collegi professionali.

Sistemi UAV/RPAS per il rilievo geo-topografico, territoriale, dei beni culturali e dei 3D City Models

Perugia 14 e 15 Gennaio 2016
Hotel Mater Gratiae
in collaborazione con
Collegio dei Geometri di Perugia

Due giornate di studio sulle tecnologie per il rilievo geo-topografico, la documentazione 3D del territorio e delle città storiche.

Corso accreditato con riconoscimento di 16 CFP

Il target – Geometri, architetti, professionisti tecnici e tutti coloro che si occupano del rilievo del territorio e della modellazione 3D. Dagli studi professionali agli urbanisti, ma anche le pubbliche amministrazioni o i musei che hanno tra gli obbiettivi la realizzazione di plastici del territorio.

Il programma – Il corso informativo sugli UAV (droni) si caratterizza per l'aspetto formativo di tipo generale e di tipo applicativo, essendo previste 2 giornate di lavoro, di cui la prima con una sessione mattutina dedicata alla formazione generale, e una sessione pomeridiana sul campo con l'uso di alcuni sistemi UAV (ala fissa e multirotore). La seconda giornata è dedicata alla elaborazione dei dati con diversi software di realizzazione dei modelli 3D e di restituzione cartografica ed architettonica.

1ª giornata

h. 9.00 – REGISTRAZIONE ISCRITTI

Aula - **Introduzione alla fotogrammetria e ai sistemi UAV, dal 3D di nuova generazione ai 3D City Models.**
D. Santarsieri

Aula - **I principi della fotogrammetria moderna. Software, processi e semplificazioni possibili.**
L. Proietti

Aula **Professione geometra o pilota? Il rilievo e la documentazione territoriale e catastale. Limiti e applicabilità.**
E. Tufillaro

Campo - **Rilievo di una porzione di territorio e di un complesso monumentale con sistemi UAV ad ala fissa e multirotori.**
G. Santiccioli, D. Bianchini

Aula - **Applicazioni professionali con i droni dall'A alla Z**
D. Santarsieri

Le operazioni di rilievo termineranno all'imbrunire. I partecipanti sono invitati a partecipare alla cena di lavoro, dove saranno proiettati alcuni video sulle applicazioni ludiche e non degli UAV.

** Al termine del corso, saranno resi disponibili via web, sia l'intero dataset di dati dell'esercitazione sul campo, che le restituzioni effettuate durante il laboratorio di restituzione cartografica.

Premi di partecipazione

1° premio – Minidrone JXD 509G, quadricottero con telecamera e FPV via Wi-Fi e Smartphone, giroscopio a 6 assi (https://youtu.be/wx2LJinm8E0) e maglietta Geo-Fly.

2° premio – Minidrone ala fissa Power UP 3.0 e maglietta Geo-Fly (http://www.poweruptoys.com/).

3° premio – Libro "Droni per l'innovazione" fornito in stampa colore e maglietta Geo-Fly.

2ª giornata

Aula - **Aspetti generali sulla post-elaborazione di modelli 3D da UAV o dal rilievo IMS (Image Matching Systems. Camere metriche e non metriche in modalità manuale o assistita)**
S. Grassi

Aula - **Aspetti geospaziali e geo-topografici del rilievo con sistemi UAV, IMS e MMS**
D. Santarsieri

Aula - **La post-elaborazione dei dati UAV. Procedure e software. Elaborazione passo passo dei dati rilevati nelle sessione in campo.**
D. Bianchini

Aula - **L'uso delle informazioni da UAV per l'integrazione al rilievo metrico. Soluzioni e problemi tra fotogrammetria e rilievo geometrico-topografico.**
D. Santarsiero

Aula - **Laboratorio di restituzione cartografica e geo-topografica dei rilievi territoriali e architettonici. (training on the job con 2 postazioni PC adatte alla restituzione di dati geospaziali e topografici).**
D. Bianchini, D.Santarsiero, S.Grassi

Costo del corso € 100,00

Sono compresi la "Quota Sociale Geo-Fly 2016", il materiale didattico (volume + raccolta slides + rivista), la partecipazione all'estrazione dei premi di partecipazione, rilascio dell'attestato di partecipazione.

Iscriviti via web, punta il mouse su
http://www.geo-fly.org/negozio/corso-sistemi-uavrpas/

SPONSORSHIP BY

13

I relatori

Daniele Bianchini
daniele.bianchini@menci.com

Attivo nel campo della fotogrammetria, con grande esperienza sia nella implementazione e programmazione di ambienti software di produzione, sia nelle tecniche proprie della produzione cartografica, dei modelli 3D derivati da *image matching* e trattamento rigoroso di dati geospaziali.
Lavora con Menci Software da oltre 15 anni, ed ha collaborato alle attività di progettazione, sviluppo e implementazione su diverse piattaforme software, con migliaia di installazioni e sistemi di produzione.

Eliano Tufillaro
dtufillaro@sogei.it

Si occupa di scienze geodetiche e geo-topografiche applicate al catasto, alla fotogrammetria e ai data base cartografici. Dal 1987 opera nel gruppo Servizi e Soluzioni per la Cartografia della Sogei in qualità di referente della procedura catastale Pregeo. È membro del Comitato Editoriale della rivista GEOmedia dalla sua fondazione nel 1997.

Luigi Proietti
luigi.proietti@geolink.it

La topografia, la fotogrammetria e l'uso dei sistemi digitali e dei primi PC rappresentano il background di oltre 30 anni di professione, orientata alla ricerca di soluzioni innovative nel campo dei sistemi fotogrammetrici classici dei primi restitutori analitici, proseguendo poi nel mondo digitale di nuova generazione. Ha realizzato 3D di grandi produzioni di dati geospaziali ma anche modelli nel campo dei beni culturali e delle nuove smart city che si avvalgono già da una decina di anni dei 3D city models.

Silvia Grassi
s.grassi@intogeo.it

I sistemi di rilievo e l'acquisizione di dati geospaziali, così come la messa in campo di frame topografici di controllo al processo di produzione di banche dati georiferite di immagini, scene laser scanner e analisi dei dati rappresentano la quotidianità del lavoro. Ma l'esperienza viene da lontano, con una laurea in ingegneria e un dottorato in Canada agli albori della fotogrammetria digitale, il suo percorso professionale è stato ricco e variegato: dai beni culturali al rilievo industriale fino all'ingegneria delle infrastrutture per attività di controllo e operazioni di *as built*.

Domenico Santarsiero
dsgeo57@gmail.com

Si occupa di geomatica applicata da diversi decenni, ma anche di informatica, beni culturali, comunicazione, editoria e formazione. Dal '97, anno di fondazione della rivista GEOmedia, ha all'attivo decine e decine di articoli, report e interviste nel campo della geomatica e delle tecnologie correlate. Nel 2015 ha dato alle stampe il volume "Droni per l'innovazione" disponibile via amazon nei diversi formati.

Gabriele Santiccioli
gabriele@flytop.it

Con una formazione nel campo della topografia operativa e una crescita professionale tra sistemi di volo e rilievi topografici di ogni tipo e contesto, nel 2013 fonda insieme ad altri soci la FlyTop s.r.l. che ha nella propria flotta diversi sistemi UAV per tutte le esigenze e applicazioni. FlyTop commercializza sistemi di volo APR, si occupa della formazione degli operatori e dell'assistenza post vendita.

Otello Grassi
otello@intogeo.it

È il decano della topografia e della cultura nel mondo delle tecnologie geospaziali di Perugia e dell'Umbria. Ha fatto parte del consiglio direttivo di SIFET e ha promosso e coordinato la realizzazione del convegno nazionale ASITA 2002 tenutosi a Perugia. Presidente della Commissione Topografia e Catasto del Collegio dei Geometri di Perugia e di diverse associazioni di professionisti che operano nel settore del rilievo territoriale. Si è occupato di formazione nei laboratori di topografia degli ITG per oltre 20 anni.

Introduzione alla fotogrammetria e ai sistemi UAV, dal 3D di nuova generazione ai 3D City Models.

a cura di GeoFly

La relazione targata Geo-Fly ha aperto il workshop delineando il programma delle due giornate oltre a presentare una panoramica delle tecnologie messe in campo, estendendo gli scenari attraverso una lettura storica che parte dagli anni '90 e ripercorrendo l'evoluzione delle tecniche di cattura ed elaborazione delle informazioni geospaziali. La nascita di Google Earth nel 2005, l'evoluzione e diffusione dei sistemi *laser scanner* insieme ai nuovi sistemi di imaging full 360°, per finire ovviamente con i sistemi APR e 3D.

Sistemi Uav/Apr Per Il Rilievo Geo-Topografico, Territoriale, DEI Beni Culturali E Dei 3d City Models

Un ringraziamento a chi ha sostenuto la realizzazione di questo corso

Collegio dei Geometri
e Geometri Laureati
Provincia di Perugia

I relatori

GEOWEB SPA

THE FUTURE IS NOW

- E. Tufillaro
- L. Proietti
- S. Grassi
- G. Santiccioli
- D. Bianchini

UAV/SAPR a Perugia by Geo-Fly Ass. Culturale
14 e 15 Gennaio 2016 - D. Santarsiero

Sistemi Uav/Apr Per Il Rilievo Geo-Topografico, Territoriale, DEI Beni Culturali E Dei 3D City Models

Un po di storia

- anni '90, I sistemi MMS nascono in Canada e il GIS 3D è già nelle mani di ERDAS.
  La geomatica diventa la nuova frontiera per l'ingegneria del rilevamento (convergenza tra tecnologie digitali e analogiche)

- Tra gli anni '90 e il 2000, avanza la fotogrammetria di 1^,2^ e 3^generazione, la cartografia digitale, i database geospaziali, e il 3D concettuale o primordiale (VRML,etc.).

- 2003 - il comune di Berlino promuove il primo progetto di 3D City Model.

- 2005 - va in onda GOOGLE EARTH & MAP (INTERFACCIA AL MONDO di tipo Geospaziale)
- ma anche la generazione, Laser Scanner, IMS o IS, o FOTOGRAMMETRIA di 4^ generazione

- 2015 - il 3D diffuso (editoriale GEOmedia 4/16 -), o anche
  www.mygeo.it/3d-a-la-carte/

UAV/SAPR a Perugia by Geo-Fly Ass. Culturale
14 e 15 Gennaio 2016 - D. Santarsiero

Sistemi Uav/Apr Per Il Rilievo Geo-Topografico, Territoriale, DEI Beni Culturali E Dei 3D City Models

- I sistemi MMS IN/OUT anticipano buona parte delle soluzioni e problematiche dei rilievi a terra.

- I sistemi UAV/APR anticipano buona parte delle soluzioni di rilievo aereo o remoto (*indoor* e *underwater*).

- Le problematiche alla frontiera si incontrano, tra esigenze di pianificazione, acquisizione ed elaborazione.

UAV/SAPR a Perugia by Geo-Fly Ass. Culturale
14 e 15 Gennaio 2016 - D. Santarsiero

Sistemi Uav/Apr Per Il Rilievo Geo-Topografico, Territoriale, DEI Beni Culturali E Dei 3D City Models

UAV, 3D E 3D CITY MODELS
PERCHE'

- Aumentare la ns. capacità di offerta (servizi)

- Capire dove sta andando il mercato dei rilievi topografici

- Il mapping facile con UAV/IMS/MMS (indoor/outdoor)

- Cave, movimento terra, erosione alvei fluviali

- La promozione del territorio e del patrimonio immobiliare

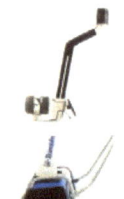

UAV/SAPR a Perugia by Geo-Fly Ass. Culturale
14 e 15 Gennaio 2016 - D. Santarsiero

18

Sistemi Uav/Apr Per Il Rilievo Geo-Topografico, Territoriale, DEI Beni Culturali E Dei 3D City Models

IL RILIEVO 3D DEL PATRIMONIO IMMOBILIARE

Popolare i DB Urbani per le città digitali e i 3D City Models

La library of the UNAM (Namibia). risol. 5 mm - Aibotix

Il 3D (imaging based) delle città è già disponibile attraverso le informazioni *Geospatial* di Apple, Google e Microsoft

LA NOSTRA SCOMMESSA È FAR CRESCERE LE COMPETENZE, IL MERCATO E LA QUALITÀ DELLE INFORMAZIONI

UAV/SAPR a Perugia by Geo-Fly Ass. Culturale 14 e 15 Gennaio 2016 - D.Santarsiero

---

Sistemi Uav/Apr Per Il Rilievo Geo-Topografico, Territoriale, DEI Beni Culturali E Dei 3D City Models

IL RILIEVO 3D DEL TERRITORIO

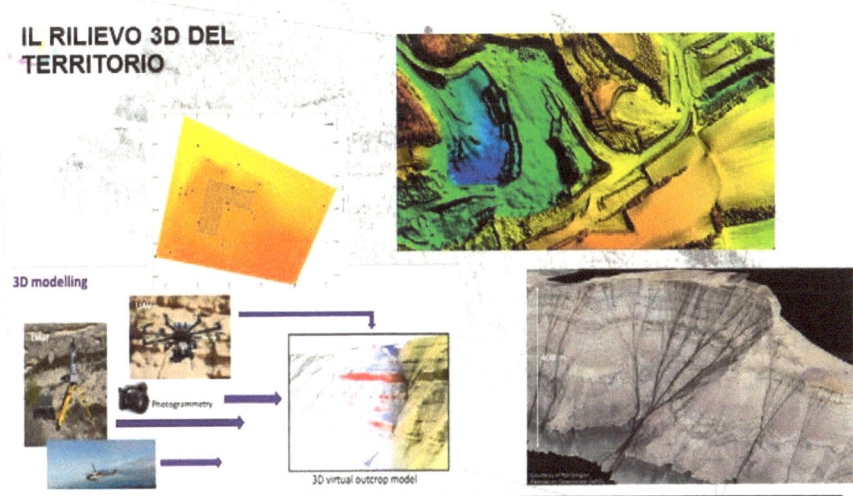

UAV/SAPR a Perugia by Geo-Fly Ass. Culturale 14 e 15 Gennaio 2016 - D.Santarsiero

19

Sistemi Uav/Apr Per Il Rilievo Geo-Topografico, Territoriale, DEI Beni Culturali E Dei 3D City Models

ESTRAZIONE DEI DATI
DAI MODELLI 3D

- I modelli 3D come risultato primario, volumetrico, dimensionale, visivo, multimediale.

- I modelli 3D come partenza per l'estrazione dei dati aggregati.
- Dati cartografici 2D per mappe, lineari per misure diverse.

- Dati altimetrici 2.5D o 3D Puri come DTM/DSM/Sezioni, etc.

- Popolazione dei Geospatial DB. Wireframe, Texture, Forme, Volumi, CityGML.

Sistemi Uav/Apr Per Il Rilievo Geo-Topografico, Territoriale, DEI Beni Culturali E Dei 3D City Models

L'INTEGRAZIONE TRA
RILIEVO GEO-TOPOGRAFICO
E MODELLI 3D

- Il rilievo geo-topografico continua a rivestire il ruolo di riferimento generale, coordinato e preciso.

- L'integrazione al rilievo geo-topografico, muta in approfondimenti 3D di tipo visivo e/o cartografico di tipo avanzato GIS, BIM, *imaging*, FM.

- Al rilievo con UAV di tipo full 3D, coesistono il rilievo *Lidar* e *Laser scanner*, integrandosi nel rilievo topografico di tipo innovativo e attuale (*image station* VS *total station*).

Sistemi Uav/Apr Per Il Rilievo Geo-Topografico, Territoriale, DEI Beni Culturali E Dei 3D City Models

FOTOGRAMMETRIA, CARTOGRAFIA E INFORMAZIONI TERRITORIALI

- **Fotogrammetria** - 4^ generazione - 3D per tutti. Applicazioni **PRO** e Consumer.

- **Cartografia** - facilità di aggiornamento, *localize (UAV)*, *globalize (Sat+)*.

- **Informazioni territoriali** (webgis,SIT,Geomarketing,Beni Culturali, mobilità,etc.)

- **Altro** (video mapping, modeling, mapping, agricoltura, etc.)

UAV/SAPR a Perugia by Geo-Fly Ass. Culturale
14 e 15 Gennaio 2016 - D.Santarsiero

Sistemi Uav/Apr Per Il Rilievo Geo-Topografico, Territoriale, DEI Beni Culturali E Dei 3D City Models

GRAZIE

PER LA FIDUCIA

E PER ESSERE QUI

buon lavoro a tutti

dsgeo57@gmail.com

UAV/SAPR a Perugia by Geo-Fly Ass. Culturale
14 e 15 Gennaio 2016 - D.Santarsiero

I principi della fotogrammetria moderna. Software, processi e semplificazioni possibili.

a cura di L.Proietti

La relazione di Proietti ha portato uno dei contributi essenziali al workshop, essendo modulata sugli aspetti classici della fotogrammetria, argomento imprescindibile vista la correlazione con i sistemi UAV per il rilievo territoriale. L'importanza della relazione non è solo dovuta agli aspetti della fotogrammetria classica, ma anche e soprattutto all'analisi puntuale e numerica delle diverse questioni legate alla precisione dei risultati. Non si può infatti prescindere dalla conoscenza delle problematiche reali, dagli errori potenziali e dalle lacune informative che un processo di elaborazione dei dati può presentare, al contrario di un altro workflow più accorto e controllato.

Principi della fotogrammetria , Sw, processi e possibili semplificazioni

Sistemi di acquisizione per le misure senza contatto

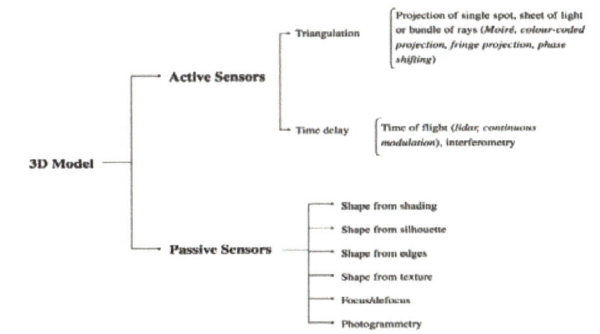

FIG. 1. Three-dimensional acquisition systems for object measurement using non-contact methods based on light waves.

Principi della Fotogrammetria
Luigi Proietti

UAV/SAPR a Perugia by Geo-Fly Ass. Culturale
14 e 15 Gennaio 2016

Le tecniche Image-Based, stanno diventando le principali protagoniste in questo ambito di ricerca, grazie allo sviluppo di algoritmi e strategie di calcolo derivati dalla Computer Vision che sono chiamate Strcture from Motion (SFM)

L'integrazione delle procedure di SFM con algoritmi di Dense Matching, sviluppati in fotogrammetria, consente di ottenere una Nuvola di Punti dalla quale estrarre il modello 3D.

L'integrazione tra le due tecniche, ha prodootto sviluppi sia in campo commerciale (Photoscan, Photomodeler, Menci Software, Inpho ecc.) che in ambiante Open Source (Blunder e PMVS, VisualSFM...). Queste tecniche hanno i vantaggi della portabilità, rapidità di esecuzione del rilievo, basso costo delle strumentazioni impiegate ed offrono grandi opportunità anche attraverso lo sviluppo continuo degli applicativi.
In contrapposizione agli aspetti positivi va evidenziato che questa integrazione della CV all'interno delle procedure fotogrammetriche è abbastanza recente ed ancora non sono ben chiari i **limiti soprattutto per quanto riguarda gli aspetti metrici.**

Principi della Fotogrammetria
Luigi Proietti

UAV/SAPR a Perugia by Geo-Fly Ass. Culturale
14 e 15 Gennaio 2016

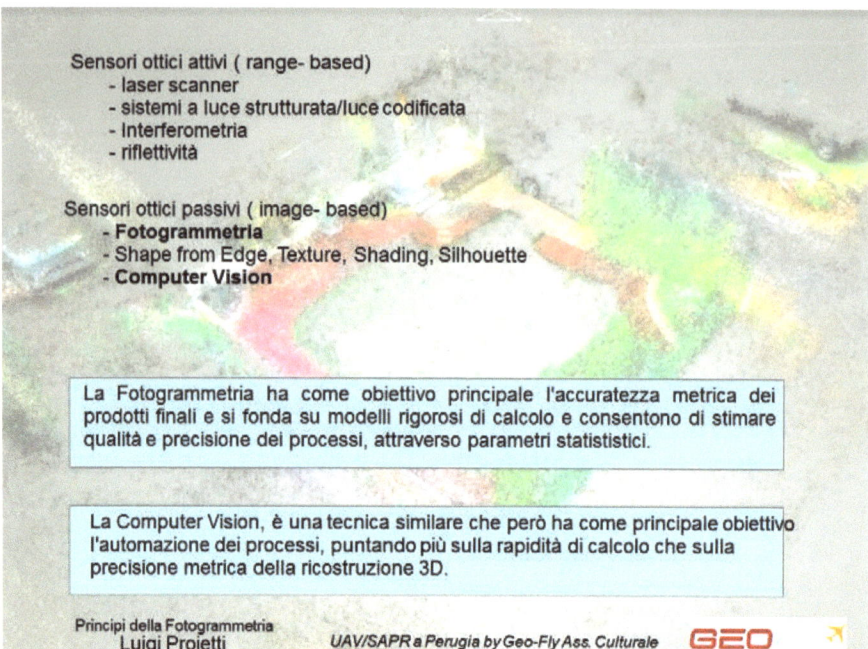

Sensori ottici attivi (range- based)
- laser scanner
- sistemi a luce strutturata/luce codificata
- interferometria
- riflettività

Sensori ottici passivi (image- based)
- **Fotogrammetria**
- Shape from Edge, Texture, Shading, Silhouette
- **Computer Vision**

La Fotogrammetria ha come obiettivo principale l'accuratezza metrica dei prodotti finali e si fonda su modelli rigorosi di calcolo e consentono di stimare qualità e precisione dei processi, attraverso parametri statistici.

La Computer Vision, è una tecnica similare che però ha come principale obiettivo l'automazione dei processi, puntando più sulla rapidità di calcolo che sulla precisione metrica della ricostruzione 3D.

Principi della Fotogrammetria
Luigi Proietti
UAV/SAPR a Perugia by Geo-Fly Ass. Culturale
14 e 15 Gennaio 2016

Fotogrammetria

Modello stereoscopico

- **Orientamento interno**: ricostruzione della corretta geometria interna dell'immagine in relazione al sistema ottico che l'ha generata (correzione delle distorsioni ottiche delle lenti, eventuale deformazione dei supporti).
- **Orientamento esterno**: ricostruzione della geometria dell'immagine in relazione alla superficie terrestre, in altre parole è necessario determinare la posizione in cui è stata ripresa l'immagine (posizione della camera) rispetto al terreno (posizione del centro di presa, inclinazioni e rotazioni relative tra camera e oggetto).

Principi della Fotogrammetria
Luigi Proietti
UAV/SAPR a Perugia by Geo-Fly Ass. Culturale
14 e 15 Gennaio 2016

24

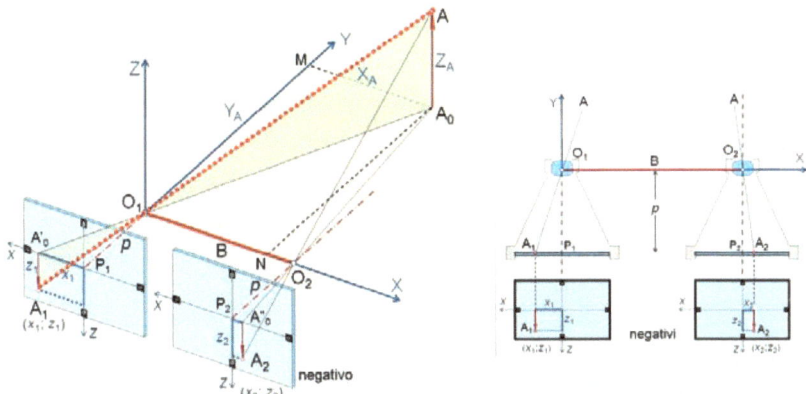

Equazioni di collinearità della presa normale:

$$X_A = \frac{B \cdot x_1}{x_1 - x_2} \qquad Y_A = \frac{B \cdot p}{x_1 - x_2} \qquad Z_A = \frac{B \cdot z_1}{x_1 - x_2}$$

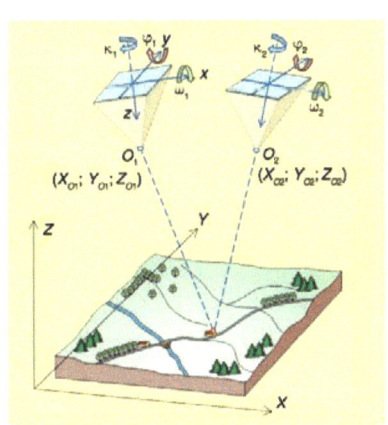

- le 3 coordinate (X_0, Y_0, Z_0) del **centro di proiezione** O;
- i 3 **angoli di rotazione** ω, φ, κ di assetto della camera.

  - ω intorno asse x (direzione di volo) (*rollio*);
  - φ intorno asse y (*beccheggio*);
  - κ intorno asse z (*deriva*).

Effetto di trascinamento

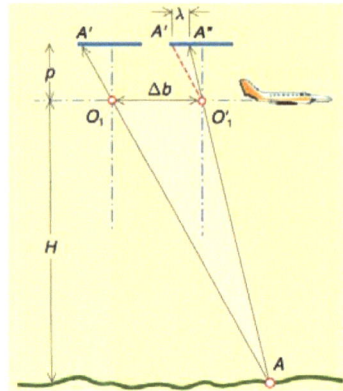

$$\lambda = \frac{p \cdot v \cdot \Delta\tau}{H}$$

Esempio:
V= 15 m/s   p= 0.035   T= 1/250   H=80 mt

Errore di trascinamento = 0.026 mm

Principi della Fotogrammetria
Luigi Proietti   *UAV/SAPR a Perugia by Geo-Fly Ass. Culturale*
14 e 15 Gennaio 2016

Le Fotocamere

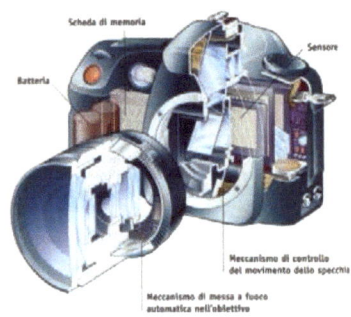

Sensore CCD   Sensore CMOS

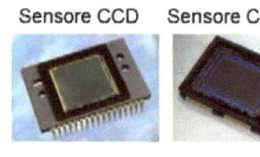

Quando si utilizzano le immagini per scopi metrici, dobbiamo conoscere la dimensione del Pixel , valore legato alla risoluzione geometrica.

- La luce raggiunge il sensore
- Viene convertita in tensione elettrica
- La tensione viene trasformata in *digital number*
- L'insieme viene elaborato dal microprocessore della fotocamera e si ricostruisce l'immagine.

Principi della Fotogrammetria
Luigi Proietti   *UAV/SAPR a Perugia by Geo-Fly Ass. Culturale*
14 e 15 Gennaio 2016

26

Le Deformazioni Ottiche

- Aberrazioni Sferiche e Coma

- Aberrazioni di Astigmatismo

- Aberrazioni di distorsioni che si dividono in distorsione **Radiale e Tangenziale**

- Le distorsioni Radiali e Tangenziali provocano la deformazione dell'immagine e devono essere corrette.

Distorsione radiale:
    - i raggi passanti dal centro ottico subiscono una deviazione, deformando l'immagine man mano che ci si allontana dall'asse ottico.

Distorsione Tangenziale:
- dovuta al non perfetto assemblaggio delle lenti che costituiscono l'obiettivo.
Comporta uno spostamento dell'immagine.

- Le due tipologie di distorsione radiale: a cusino (a sinistra) e a barile (a destra)

La Calibrazione

Le equazioni della fotogrammetria fanno riferimento al caso teorico ideale
In realtà dobbiamo considerare nel cacolo:

- Le coordinate del punto principale
- La distanza principale
- Parametri di distorsione dell'obiettivo

Classificazione delle tecniche di calibrazione

    Tecniche **Lineari**, hanno caratteristiche di semplicità e di velocità, in genenre non gestiscono la distorsione ed hanno bisogno di punti di controllo e portano a risultati di bassa precisione.

    Tecniche **non lineari**, costituiscono la base della self-calibration attraverso il *bundle adjustement*. Sono le più utilizzate, si ottiene una modellazione rigorosa ed accurata dei parametri.

    Combinazione di tecniche lineari e non lineari, dove un metodo lineare viene utilizzato per recuperare i parametri approssimati, per poi ottimizzarli con iterazioni successive.(praticamente superato dal *bundle Adjustment*)

27

Computer Vision

> Lo scopo della CV è principalmente quello di ricostruire ciò che l'uomo vede, in particolare la forma, l'illuminazione e la distribuzione del colore.

I primi tentativi di ricostruzione dell'intera scena, risalgono ai primi anni 70, utilizzando tecniche feature-based

Gli studi di Structure from Motion (SfM), iniziano invece nei primi anni 80.
In questo decennio vengono sviluppate diverse tecniche di image-based, alcune oggi utilizzate nei Sw di Compourer Vision.

Negli anni 90 invece, vengono introdotte importanti innovazioni nella strategia SfM con lo sviluppo della ricostruzione proiettiva, che non richiede la calibrazione della camera.

Per migliorare il calcolo, vengono applicate tecniche di Bundle Adjustment provenienti dalla fotogrammetria.
Parallelamente, vengono compiuti consistenti progressi sugli algoritmi di ricostruzione densa.

> Recentemente, si è diffusa la metodologia di ricostruzione 3D basata sulle immagini che combina SfM con algoritmi di Dense Matching, ed implementato in ambiente Open Source (Blunder e PMVS, VisualSFM, ecc), nei sofware commerciali (Photoscan, Photomodeler, ecc) ed in applicazioni Web di 3D Web-service (Autodesk 123 catch, ARC3D, ecc)

Siteticamente si possono individuare le seguenti fasi:

1) Rilevamento ed estrazione delle feature: si individuano i punti di legame

2) Matching delle feature: individuati ed estratti i punti omologhi vengono messe insieme le immagini

3) Stima dei parametri della camera: si calcolano i parametri di orientamento interno ed esterno con procedura iterativa.

4) estrazione del Matching denso: si ricava una nuvola di opunti attraverso algoritmi di Dense matching

Prese Aeree di prossimità

Classificazione:

Subcategoria UAV	Acronimo	Raggio [km]	Altitudine [m]	Durata [h]	Massa [kg]
Micro	µ (Micro)	<10	250	1	<5
Mini	Mini	<10	150 e 300	<2	150
Close Range	CR	da10 a 30	3000	da 2 a 4	150
Short Range	SR	da 30 a 70	3000	da 3 a 6	200
Medium Range	MR	da 70 a 200	5000	da 6 a 10	1250
Medium Range Endurance	MRE	>500	8000	da 10 a 18	1250
Low Altitude Deep Penetration	LADP	>250	Da 50 a 9000	Da 0.5 a 1	350
Low Altitude Long Endurance	LALE	>500	3000	>24	< 30
Medium Altitude Long Endurance	MALE	>500	14	24 e 48	1500

Principi della Fotogrammetria
Luigi Proietti

UAV/SAPR a Perugia by Geo-Fly Ass. Culturale
14 e 15 Gennaio 2016

GEO
WWW.GEO-FLY.ORG

La potenzialità offerta da questi sistemi, sono collegate alla possibilità di ottenere immagini aeree a bassa quota utile sia per scopi puramente documentativi che per prodotti metrici tradizionali.

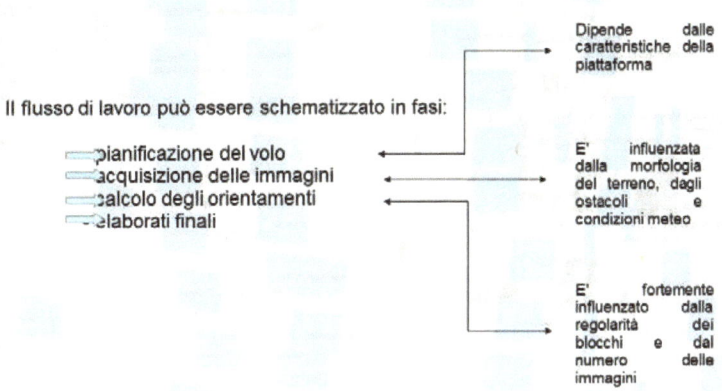

Il flusso di lavoro può essere schematizzato in fasi:

- pianificazione del volo
- acquisizione delle immagini
- calcolo degli orientamenti
- elaborati finali

Dipende dalle caratteristiche della piattaforma

E' influenzata dalla morfologia del terreno, dagli ostacoli e condizioni meteo

E' fortemente influenzato dalla regolarità dei blocchi e dal numero delle immagini

Principi della Fotogrammetria
Luigi Proietti

UAV/SAPR a Perugia by Geo-Fly Ass. Culturale
14 e 15 Gennaio 2016

GEO
WWW.GEO-FLY.ORG

29

General project information

Project name	manciano
Process	Geo-referencing
Processing date / time	Sat Jan 09 16:23:53 2016
Result file	D:\DATI\Test_drone_egeos\MANCIANO\test\Manciano_UAS.prj
Number of used images	247 of 247
Number of used cameras	1 of 1
Number of strips	27
Flying height (min/avg/max)	402.5 / 407.7 / 414.2 [m]
Terrain height (min/avg/max)	304.5 / 309.4 / 319.5 [m]
Avgerage photo scale	1 : 22401
Coordinate system	LOCAL_CS["Local Space Rectangular (LSR)", UNIT["m",1.0000000000]]

Flight overview

Fig 2 GCP locations

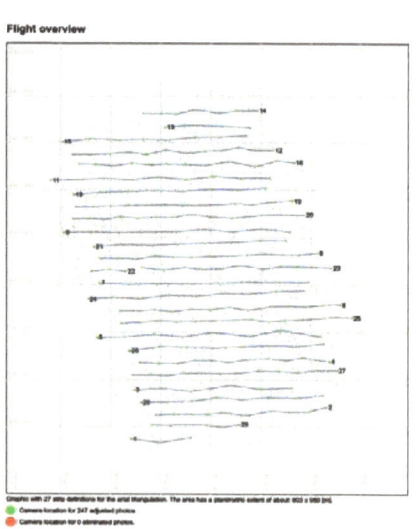

30

Camera type: Frame ▼

Pixel size (mm):   0.00133853   x   0.00133853

Focal length (mm):   4.3

Initial **Adjusted**

fx:	3255.27	k1:	-0.0499537
fy:	3256.44	k2:	0.050226
cx:	2285.26	k3:	-0.0251024
cy:	1828.76	k4:	0
skew:	-0.30806	p1:	0.00677768
		p2:	-0.000439718

Camera calibration

Camera data (Camera: Manciano)

	original
Manufacturer	eBee bus125HS
Serial number	
Sensor (width / height) [pixel]	4608 / 3456
Pixel size (x / y) [micron]	1.3385 / 1.3381
Distortion type	Polynomial
Focal length [pixel]	3258.4309
Fx/Fy == Focal length (x / y) [pixel]	3257.9656 / 3258.8964
PPA == Principal point (x / y) [pixel]	2282.9470 / 1825.7517
Distortion parameter:	
K0	0.000000E+00
K1	-2.488270E-03
K2	1.330680E-04
K3	-3.911790E-06
K4	0.000000E+00
K5	0.000000E+00
P1	-1.549770E-03
P2	1.120280E-04

Distortion values (Camera: Manciano)

	Radius [mm]	original Distortion [micron]
1	0.0000	0.0000
2	0.2000	-0.0199
3	0.4000	-0.1579
4	0.6000	-0.5272
5	0.8000	-1.2312
6	1.0000	-2.3591
7	1.2000	-3.9826
8	1.4000	-6.1533
9	1.6000	-8.9014
10	1.8000	-12.2363
11	2.0000	-16.1461
12	2.2000	-20.6120
13	2.4000	-25.5947
14	2.6000	-31.0630
15	2.8000	-36.9957
16	3.0000	-43.3980
17	3.2000	-50.3195
18	3.4000	-57.8759
19	3.6000	-66.2739
20	3.8000	-75.8408
21	4.0000	-87.0579

Distortion error of radial symmetric components of parameters: K0, K1, ... and P1, P2.

Ground Control points

Ground Control point errors

Label	X error (m)	Y error (m)	Z error (m)	Error (m)	Projections	Error (pix)
point 1	0.000053	0.003132	0.000704	0.003210	13	0.410037
point 10	0.018005	-0.021465	-0.004264	0.028339	16	0.528846
point 11	-0.037090	0.041727	0.011579	0.057017	15	0.477025
point 13	0.011271	0.011079	-0.008276	0.017840	13	0.494344
point 14	-0.020859	-0.033453	0.018396	0.043504	7	0.356931
point 2	0.020353	-0.011922	0.005366	0.024191	12	0.404244
point 3	-0.040092	-0.030739	0.001819	0.050583	15	0.360964
point 4	0.032377	0.007721	-0.015087	0.036633	13	0.308663
point 5	-0.004409	0.026740	0.017160	0.032077	7	0.429284
point 6	-0.028080	0.033003	-0.004722	0.043588	12	0.399765
point 7	0.004836	-0.037712	-0.005190	0.038373	8	0.351524

	ID	Projections	X [m]	Y [m]	Z [m]	Total [m]
1	GCP1	13	0.0006	0.0072	0.0146	0.0163
2	GCP10	16	0.0146	-0.0120	-0.0223	0.0292
3	GCP11	15	-0.0263	0.0220	-0.0081	0.0349
4	GCP13	12	0.0073	-0.0096	-0.0066	0.0138
5	GCP14	13	-0.0042	-0.0163	0.0127	0.0211
6	GCP2	12	0.0071	-0.0027	0.0028	0.0081
7	GCP3	15	-0.0292	-0.0175	0.0040	0.0343
8	GCP4	13	0.0254	0.0022	-0.0095	0.0273
9	GCP5	12	-0.0036	0.0158	0.0004	0.0162
10	GCP6	12	-0.0142	0.0098	-0.0081	0.0191
11	GCP7	13	-0.0051	-0.0094	0.0010	0.0107
12	GCP8	14	0.0133	-0.0034	0.0111	0.0177
13	GCP9	13	0.0143	0.0142	0.0078	0.0216
	Mean		0.0000	0.0000	0.0001	
	Sigma		0.0162	0.0129	0.0105	
	RMS		0.0156	0.0124	0.0101	
	Maximum		0.0292	-0.0220	0.0223	

Label	X error (m)	Y error (m)	Z error (m)	Error (m)	Projections	Error (pix)
point 8	0.041591	-0.006148	-0.001860	0.041949	8	0.285865
point 9	0.002871	0.015711	-0.011622	0.019711	13	0.383460
Total	0.024651	0.024961	0.010003	0.036480	152	0.414046

Table 2. Control points.

Residui degli orientamenti

```
IMG_8737  3.6372  -3.1736  197.8806  731473.478  4801590.035  408.396    731473.761  4801989.871  408.265   3.7621  -2.7526   88.1060 -0.20  0.16  0.13
IMG_8728  -6.7849 -6.6274   8.5629   731937.558  4801538.949  404.555    731937.831  4801539.005  404.360  -6.1645  -5.7689  -82.2979 -0.27 -0.06  0.20
IMG_8802  -0.4413  4.1294 -195.9425  731380.739  4801920.619  406.542    731380.961  4801920.573  406.591  -0.3593   3.8498   93.6396 -0.22  0.05 -0.06
IMG_8779  -3.3129  2.1913 -174.4741  731426.313  4801891.089  409.002    731426.521  4801891.052  408.952  -2.9434   2.0934  112.9967 -0.21  0.04  0.05
IMG_8832  15.2716  4.6005 -192.1150  731462.342  4801812.385  406.177    731462.540  4801812.363  406.089  13.7763   4.2404   97.0832 -0.20  0.04  0.09
IMG_8803  -2.9109  3.4962  11.8742   731423.897  4801975.161  405.969    731423.890  4801975.106  405.983  -2.5996  -2.9908   79.3261 -0.19  0.06 -0.02
IMG_8730  -3.7141  2.0649  196.3188  731919.664  4801592.012  406.106    731919.849  4801591.946  406.010  -3.2940   1.9449   86.6860 -0.18  0.07  0.10
IMG_8738   5.0162 -13.5088  -0.1330  731519.187  4801645.924  412.395    731519.353  4801645.914  412.275   4.4964 -12.0659  -90.1091 -0.17  0.01  0.12
IMG_8897   6.5663 -0.4796 189.8403   731505.488  4801674.267  408.030    731505.660  4801674.291  407.860   4.9890  -0.3836   80.8646 -0.16 -0.02  0.17
IMG_8830   3.4233  5.7814 -197.5593  731565.243  4802000.048  407.375    731565.386  4802000.029  407.216   3.1307   5.2486  101.0749 -0.14  0.02  0.09
IMG_8875  -7.2470  7.9226 -199.9213  731467.283  4801781.564  405.766    731467.417  4801781.464  405.647  -6.4868   7.1853   90.0870 -0.13  0.10  0.12
IMG_8852  -9.3945  2.0144 -197.7092  731481.006  4801095.581  409.003    731481.136  4801095.559  408.914  -8.4359   1.8706   92.0769 -0.13  0.02  0.09
IMG_8715  -5.0974  4.7233 -193.7090  731660.259  4801476.217  410.521    731660.137  4801476.097  410.304  -4.4924   4.1560   95.6594 -0.12  0.12  0.22
IMG_8811  -7.6769  -4.4422  14.6654   731720.886  4801984.193  407.105    731720.763  4801984.181  406.963  -6.9268  -4.0423   76.8970 -0.12  0.01  0.15
IMG_8701   8.6415  -3.3479 187.2365   731540.317  4801375.076  405.999    731540.191  4801375.035  405.592   7.8423  -3.1222   78.4957  0.13  0.04 -0.41
IMG_8813   0.2541  -6.4319  -9.2693   731788.274  4801884.589  406.162    731788.147  4801984.624  406.072  -0.2616   5.8347   98.3565  0.13  0.03  0.09
IMG_8814  -3.0824  -7.7412   7.9675   731824.908  4801984.893  407.190    731824.777  4801984.898  407.172  -2.7690  -7.0222  -82.8485  0.13  0.06  0.02
IMG_8843  11.4062   3.3921   0.6380   731788.071  4801961.075  406.425    731787.940  4801960.983  406.336  10.2426   3.0134  -90.5832  0.13  0.08  0.09
IMG_8941  -6.6770 -11.0028  23.5039   731581.988  4801404.587  406.392    731581.757  4801404.599  406.043  -6.0362  -9.9801  -68.8562  0.13 -0.01  0.36
IMG_8902  -6.7849  -3.4298  -0.2777   731632.667  4801622.619  405.967    731632.412  4801622.636  405.760   6.2399  -3.1388  -90.2526  0.14  0.02  0.20
IMG_8923   0.3937  -6.3911  -2.3818   731614.693  4801509.743  408.621    731614.544  4801509.702  408.410   0.3663  -4.9176  -92.1445  0.15  0.04  0.21
IMG_8770   0.9931  -0.4419   9.7156   731976.920  4801764.340  411.875    731976.770  4801764.237  411.731   0.8072  -7.6644  -81.2502  0.15  0.00  0.14
IMG_8936  -4.5620 10.5640 -106.5339  731763.455  4801459.209  407.008    731763.303  4801459.448  406.867  -4.0273   9.4091  102.0986  0.15  0.09  0.14
IMG_8868   6.4119   5.5643 -178.7666  731851.193  4801794.908  402.657    731851.040  4801794.790  402.551   5.8770   4.9086  109.1111  0.15  0.12  0.11
IMG_8705   3.3357  -5.3029  -0.1933   731694.578  4801427.896  412.115    731694.416  4801427.850  411.873   3.0229  -4.8240  -90.0997  0.16  0.05  0.24
IMG_8727  16.8090  -6.2301  12.8432   731884.951  4801547.013  411.624    731884.786  4801547.033  411.478  15.1145  -5.6588  -78.4373  0.16 -0.02  0.15
IMG_8845  -0.4764  -4.5666   8.4127   731866.316  4801969.651  406.712    731866.150  4801969.663  406.698  -0.4445  -4.1777   97.6936  0.17  0.00  0.01
IMG_8793  -1.8971 -11.2102  -3.6941   731863.048  4801878.875  412.146    731862.876  4801878.803  412.090  -1.6861  10.1636  -93.3331  0.17  0.07  0.06
IMG_8917  -4.5071  5.6467 -197.8636  731707.106  4801568.521  406.105    731706.923  4801568.492  404.982  -4.6518  4.9621   91.9111  0.18  0.03  0.12
IMG_8864   2.1088   0.2706   2.2745   731779.037  4801945.512  403.046    731777.860  4801945.482  402.982   1.9151   0.1623  -87.9646  0.19  0.06  0.16
IMG_8749  -7.2635  -4.3648   9.2876   731924.480  4801668.536  412.413    731924.260  4801668.464  412.334  -6.5188  -0.0033  -81.6743  0.19  0.08  0.08
IMG_8721   0.4145 -11.9502  4.4209    731669.469  4801545.144  413.901    731668.270  4801545.053  413.670   0.3413 -10.8273  -06.0339  0.19 -0.04  0.23
IMG_8751  -5.9754  -7.5144 174.3993   731694.652  4801705.619  406.004    731545.981  4801479.549  407.490   5.2569   6.9908  108.7790  0.19  0.00  0.27
IMG_8887  -0.6537  -2.0386  -5.2562   731872.607  4801739.595  405.407    731872.389  4801739.608  405.229  -0.5954  -1.9248  -98.5883  0.22 -0.01  0.18
IMG_8867  -6.7108  -6.5970   4.9668   731886.887  4801849.170  404.717    731886.643  4801849.273  404.673  -5.9993  -6.6421  -86.5418  0.24  0.10  0.04
IMG_8771   2.1611  -9.1433  13.8612   731913.000  4801768.730  411.548    731913.093  4801768.663  411.453   1.9676  -8.3492  -77.5205  0.27  0.07  0.10
IMG_8888   3.0794  -5.1786   8.3642   731908.599  4801738.186  406.037    731908.302  4801738.263  405.930   2.7312   4.7944  -97.5198  0.30  0.08  0.11
IMG_8932   7.0143 -14.6136  6.6682    731962.272  4801621.218  409.674    731961.974  4801621.217  409.613   6.3093 -13.2063  -84.8922  0.30  0.00  0.14
IMG_8889   2.4058   0.0878   6.4569   731941.072  4801738.777  406.706    731940.725  4801736.874  406.689   2.1150  -0.0793   95.7910  0.35  0.10  0.02
IMG_8780  -8.5170   4.6441 176.4744   731406.834  4801811.227  406.609    731406.448  4801810.894  406.471  -7.5234   3.9443   67.9207  0.39  0.33  0.14
```

UAV/SAPR a Perugia by Geo-Fly Ass. Culturale
14 e 15 Gennaio 2016

Exterior orientation statistics

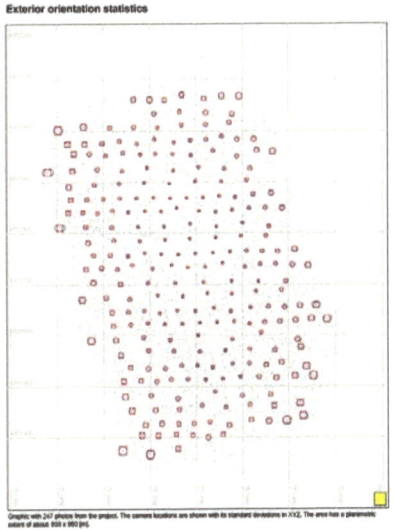

Ground Control point residuals

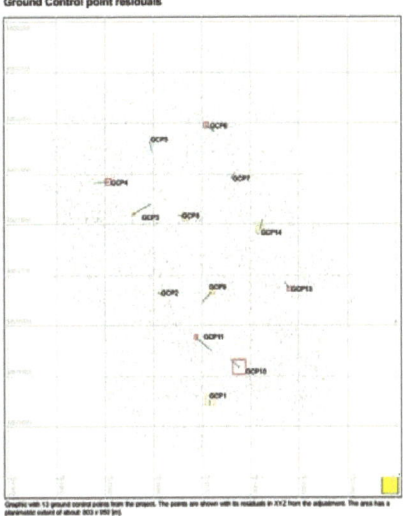

Scostamenti superiori a 20 cm

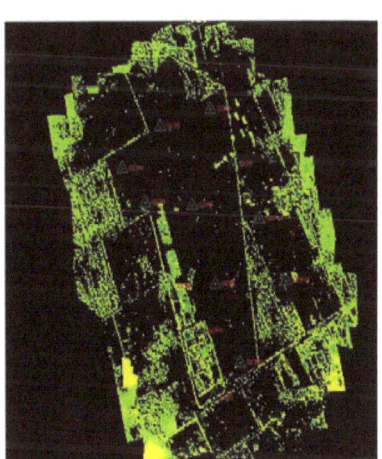

UAV/SAPR a Perugia by Geo-Fly Ass. Culturale
14 e 15 Gennaio 2016

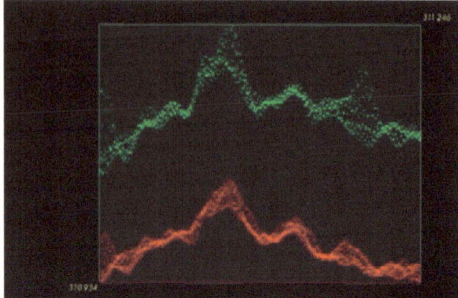

Scostamento immediatamente
esterno alla congiungente dei GP

Scostamento interno alla
congiungente dei GP

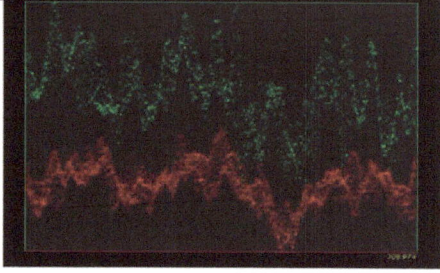

*UAV/SAPR a Perugia by Geo-Fly Ass. Culturale
14 e 15 Gennaio 2016*

SINTESI

- In caso di impieghi terrestri, in particolare per oggetti di piccole dimensioni è possibile ottenere dei buoni risultati, sia in termine di qualità delle ricostruzioni 3D che di accuratezza geometrica, mentre per gli oggetti di medie dimensioni risulta spesso più problematica in qunto è importante disporre di immagini adeguate in funzione delle caratteristiche dell'oggetto da rilevare. In generale le tecniche SfM danno buoni risultati.

-le prese acquisite da droni hanno delle criticità sulla parte metrica, generalmente le ricostruzioni 3D risultano più che sufficienti dal punto di vista qualitativo, con un ottimo dettaglio, presentano problematiche di deformazione e possono portare alla costruzione di modelli scorretti geometricamente e la qualità del risultato metrico viene essenzialmente affidata al calcolo Bundle Adjustment, con l'inserimento di vincoli nel calcolo e la disposizione e quantità dei punti di controllo.

Principi della Fotogrammetria
Luigi Proietti

*UAV/SAPR a Perugia by Geo-Fly Ass. Culturale
14 e 15 Gennaio 2016*

Professione geometra o pilota? Il rilievo e la documentazione territoriale e catastale. Limiti e applicabilità.

a cura di E.Tufillaro

La geometria, la matematica e i riferimenti geospaziali esatti sono alla base di tutta l'attività di impiego dei sistemi UAV per il rilievo geo-topografico. La relazione di Tufillaro ha fatto chiarezza su ciò che concerne "Le qualità metriche di una rappresentazione", ma anche sul rapporto tra forma, geometria e precisione cartografica o dello spazio 3D, che presto rientrerà anche nel dominio operativo delle applicazioni catastali. Di catasto infine si è parlato, anche se solo in termini di scenari operativi, analizzandone quindi potenzialità e implicazioni dell'impiego su larga scala o locale delle nuove soluzioni tecnologiche basate sugli APR, o *"Stazioni Fotogrammetriche Portatili"*, come sono state definite da Geo-Fly che ne è un assertore e un promotore.

La domanda è Geometra o Pilota

- Se si viene incaricati di fare un rilievo e fornire una rappresentazione dell'oggetto del rilievo.

- Se la rappresentazione deve rispondere a specifiche qualità metriche.

La risposta è Geometra ovviamente

Le qualità metriche di una rappresentazione

Misura ciò che è misurabile e rendi misurabile ciò che non lo è. (Galileo Galilei)

- La conoscenza geometrica di un oggetto è determinata dalla posizione e dalla precisione degli enti geometrici che definiscono l'oggetto.

- La posizione si ottiene con un procedimento di misura.

- Il risultato di una misura è una stima del valore vero di una grandezza.

- La stima è un intervallo nel quale il valore vero è contenuto con probabilità nota.

- La semi-ampiezza dell'intervallo è l'incertezza della misura.

UAV/SAPR a Perugia by Geo-Fly Ass. Culturale
14 e 15 Gennaio 2016 – D. Tufillaro

Oggetto geometrico con forma complessa e grandi dimensioni

Se l'oggetto geometrico ha forma complessa e/o dimensioni grandi conviene definirlo per punti (l'ente geometrico elementare).

Il metodo topografico e quello fotogrammetrico costituiscono i procedimenti operativi per la determinazione della posizione e della precisione dei punti.

Occorre analizzare il limiti e le possibili integrazioni dei due metodi anche in relazione alle prestazioni della strumentazione disponibile.

UAV/SAPR a Perugia by Geo-Fly Ass. Culturale
14 e 15 Gennaio 2016 – D. Tufillaro

Una applicazione per il confronto: il rilievo per la formazione della cartografia

- Cartografia tradizionale (disegno su carta).

- L'errore di ed il rapporto di scala determinano la precisione richiesta dal rilievo.

- fotogrammetria: è generalmente utilizzabile variando la quota del volo e il metodo di appoggio a terra e inquadramento.

- Topografia (celerimensura con stadia) utilizzabile al massimo fino alla scala 1/1000.

- Topografia (celerimensura elettrottica o laser) utilizzabile fino alla scala 1/50.

UAV/SAPR a Perugia by Geo-Fly Ass. Culturale
14 e 15 Gennaio 2016 – D. Tufillaro

Una applicazione per il confronto: il rilievo per la formazione della cartografia

- Cartografia digitale (archivio di coordinate e relazioni).

- L'errore di ed il rapporto di scala non determinano più la precisione richiesta dal rilievo.

- Può essere richiesta una restituzione ad una scala nominale specifica, ma questo aspetto riguarda solo la densità delle informazioni.

- Sono necessarie delle specifiche che definiscano la precisione del rilievo.

- Il rilevatore dovrà valutare se le prestazioni del metodo di rilievo sono compatibili con le precisioni richieste e anche la relativa convenienza economica.

UAV/SAPR a Perugia by Geo-Fly Ass. Culturale
14 e 15 Gennaio 2016 – D. Tufillaro

Un caso particolare: il rilievo per gli atti di aggiornamento del catasto

- Sebbene il procedimento sia essenzialmente rivolto ad aggiornare una cartografia esistente non è governato dall'errore di graficismo.

- Infatti il procedimento deve garantire la ricostruzione sul terreno dell'oggetto del rilievo a prescindere da ogni contesto cartografico.

- Peraltro la cartografia catastale è in formato numerico ma è stata formata con un processo di digitazione dei fogli cartacei, che furono formati sulla base dell'errore di graficismo.

Un caso particolare: il rilievo per gli atti di aggiornamento del catasto

- Date le tolleranze richieste nel rilievo delle distanze tra Punti Fiduciali (da esempio 45 cm su distanze > 300 metri quindi e.q.m della distanza<45/3=15 cm per zone urbane).

- Considerato che raramente i Punti Fiduciali hanno caratteristiche di fotograficita'.

- Dato anche il «contenuto civilistico» dell'atto di aggiornamento (cioè la possibilità della riconfinazione di precisione).

- Appare non applicabile il metodo fotogrammetrico tradizionale o da drone e neanche le tecniche che forniscono nuvole di punti, DTM etc., etc.

Una sfida per il futuro: impiego dei droni per rilievo per gli atti di aggiornamento del catasto

- Attualmente si può ipotizzare un impiego economico del rilievo da drone solo se i punti di dettaglio necessari ad eseguire l'aggiornamento sono molto più numerosi dei Punti fiduciali.

- Ad esempio l'inserimento in mappa di grandi complessi edilizi, o di lottizzazioni o di strade e canali etc. etc.

- Le operazioni topografiche a terra riguarderanno il rilievo dei Punti Fiduciali e il rilievo dei punti di controllo necessari per l'orientamento del modello.

UAV/SAPR a Perugia by Geo-Fly Ass. Culturale
14 e 15 Gennaio 2016– D.Tufillaro

Una sfida per il futuro: impiego dei droni per rilievo per gli atti di aggiornamento del catasto

- E se uno sviluppo hardware-software consentisse ad un drone il rilievo di un singolo punto ?....

UAV/SAPR a Perugia by Geo-Fly Ass. Culturale
14 e 15 Gennaio 2016– D.Tufillaro

Grazie per l'attenzione

UAV/SAPR a Perugia by Geo-Fly Ass. Culturale
14 e 15 Gennaio 2016 – D. Tufillaro

Errore di graficismo

- L'operazione di disegno comporta una operazione di misura diretta sulla carta. L'errore quadratico medio connesso a questo procedimento è assunto convenzionalmente pari a 0,2 mm sulla carta.

- Pertanto due misure dirette della stessa lunghezza disegnata sulla carta sono in tolleranza se differiscono meno di 0,2x3=0,6 mm.

- Ne segue che due misure dirette della stessa lunghezza da utilizzarsi per rappresentarla su carta alla scala 1:2000.

- Sono in tolleranza se differiscono meno di 0,6*2000/1000=1,20 metri.

UAV/SAPR a Perugia by Geo-Fly Ass. Culturale
14 e 15 Gennaio 2016 – D. Tufillaro

Rilievo di una porzione di territorio con sistemi UAV ad ala fissa e multirotori.

a cura di G.Santiccioli

La relazione di Santiccioli ha offerto un excursus completo sul contesto operativo dei sistemi APR in ambito geo-topografico. Il percorso di lettura è quello dell'integrazione con gli altri strumenti a disposizione dei professionisti dei giorni nostri. Flytop è una delle poche aziende italiane che ha raccolto in pieno la sfida dell'innovazione legata al mondo degli APR. In questo contesto, grazie ad un background specifico nel mondo del surveying e dei servizi tecnici a supporto delle informazioni territoriali, ha saputo mettere insieme capacità e offerta tecnologica al giusto livello.

IL RILIEVO AEROFOTOGRAMMETRICO DA APR

14 Gennaio 2016 – Perugia

Geom. Gabriele Santiccioli

IL MODO DI FARE PROFESSIONALE

Identikit di un Professionista....

Curiosità

Formazione Professionale

Esercitazione

Ambizione

Studio & Ricerca

Trasformazione & Evoluzione Professionale

LA NOSTRA STORIA PROFESSIONALE

THE FUTURE IS NOW

In passato USUFRUIVAMO della forza di gravita adoperandola con il filo a piombo e poi con la groma (da non confondersi con la Croma Fiat)....

....oggi SFIDIAMO la forza di gravità spiccando il volo ed elevando le Nostre competenze!!!

CONOSCERE IL PASSATO PER ESSERE VINCENTI NEL FUTURO

THE FUTURE IS NOW

La storia degli strumenti utilizzati dal topografo fino ad oggi

La Nostra mitica professione grazie a chi ci ha preceduto ed INSEGNATO

LA NOSTRA STORIA PROFESSIONALE

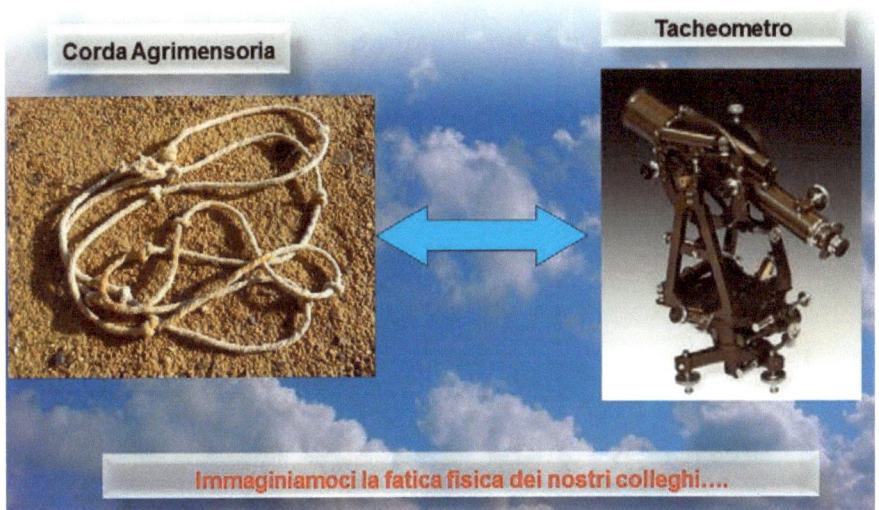

LA NOSTRA STORIA PROFESSIONALE

LA NOSTRA STORIA PROFESSIONALE

IL PASSATO IL PRESENTE ED IL FUTURO

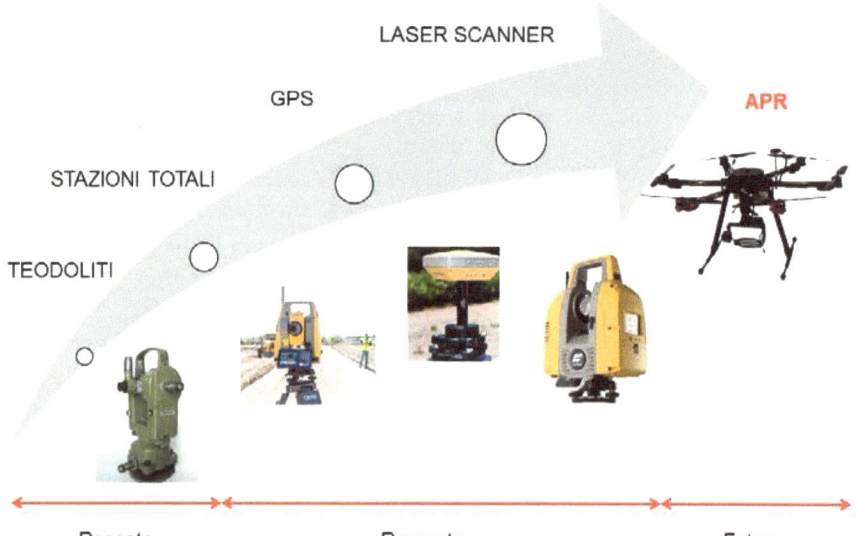

THE FUTURE IS NOW

INTEGRAZIONE DEGLI APR

Gli APR sono perfettamente integrabili in ogni ambito della nostra professione, rendendola più dinamica e performante.

THE FUTURE IS NOW

IL PARAGONE DEL TOPOGRAFO

47

THE FUTURE IS NOW

PRECISAZIONI....

Distinzione tra:

Ortofoto (Immagine ad alta risoluzione .jpg)

DSM (Modello Digitale di Superficie)

DTM (Modello Digitale del Terreno)

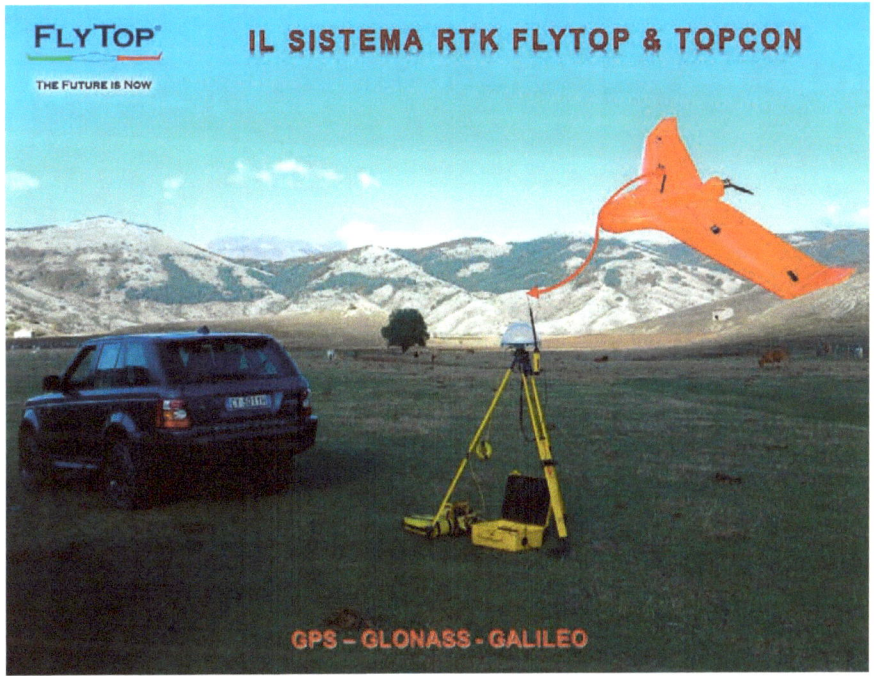

UN APR, MOLTI SENSORI!!!!

I sensori si integrano pienamente con l'elettronica dei sistemi APR i dati acquisiti in volo vengono restituiti arricchiti dalle informazioni relative al volo e alla posizione, per mettere a disposizione dei professionisti dati di altissima qualità.

FLYTOP®
THE FUTURE IS NOW

La Flotta di SAPR

DISTINZIONI TRA A.P.R.

FLYTOP®
THE FUTURE IS NOW

APR ad ala fissa

APR multi rotore

PUNTI DI FORZA

- Grande Autonomia Volo
- Copertura e rilievo di grandi estensioni
- Ridotta manutenzione

- Grande capacità di carico
- Decollo/atterraggio verticale
- Possibilità di hovering

PUNTI DI DEBOLEZZA

- Ridotta capacità di carico
- Obbligo decollo/atterraggio orizzontale
- Impossibilità di stazionare in hovering

- Scarsa autonomia di volo
- Ridotta copertura di rilievo
- Maggiore manutenzione

Ground sample distance (Dimensione del pixel a terra)	Quota di volo	Ricoprimento: trasversale / longitudinale	
		50% / 70% Ricoprimento adeguato per voli con FLN	60% / 80% Ricoprimento per sicura restituzione fotogrammetrica
1.5 cm	60 m	21 ha	18 ha
2.4 cm	100 m	31 ha	26 ha
3.7 cm	150 m	51 ha	43 ha

Colleghi.... ...Grazie per l'attenzione.

Sono orgoglioso di esser stato qui con voi a

parlare del nostro futuro !!!

Geom. Gabriele Santiccioli

gabriele@flytop.it

06 - 39.74.93.97   339 - 78.53.731

Aspetti generali sulla postelaborazione di modelli 3D da UAV o dal rilievo IMS

a cura di S.Grassi

Lavorare nel campo delle informazioni territoriali, vuol dire conoscere da vicino le problematiche, la precisione e la dedizione necessaria al conseguimento del risultato migliore. Nella relazione di Silvia grassi troviamo gli spunti per confrontare le metodiche e i risultati legati alle diverse tecnologie. Frame topografici di controllo, impronte digitali ottenute attraverso i sistemi laser scanner e i risultati del rilievo attraverso le *stazioni fotogrammetriche portatili* come gli UAV, si confrontano e si integrano.

SISTEMI UAV/RPAS PER IL RILIEVO GEO-TOPOGRAFICO, TERRITORIALE, DEI BENI CULTURALI E DEI 3D CITY MODELS

Aspetti generali sulla post-elaborazione di modelli 3D da UAV o dal rilievo IMS

Silvia Grassi

UAV/SAPR a Perugia by Geo-Fly Ass. Culturale
14 e 15 Gennaio 2016 – S.Grassi

DIGA DI RIDRACOLI (FC) - Gli aeromobili a pilotaggio remoto nel rilievo delle opere di sbarramento

Scopo della sperimentazione: Video-ispezione di grandi opere e ricostruzione del modello 3D per analisi strutturale agli elementi finiti (FEM)

Committente: Romagna Acque Società delle Fonti S.p.A

Gruppo di lavoro: - *Prof. Piergiorgio Manciola* (Dipartimento di Ingegneria Civile e Ambientale - Perugia) – Coordinamento scientifico; *Italdron S.r.l.* – Acquisizioni a mezzo APR; *Studio Grassi* – Supporto topografico a terra, modellazione 3D e validazione del rilievo (con la collaborazione di Geom. Emanuele Sabatini e Arch. Sofia Menconero); *Ing. Giulia Buffi* (DICA - Perugia) – Supporto al Coordinamento scientifico e modellazione FEM

UAV/SAPR a Perugia by Geo-Fly Ass. Culturale
14 e 15 Gennaio 2016 – S.Grassi

Diga a volta (ad arco) con relative opere di scarico (di superficie, di fondo e mezzofondo e di esaurimento), opere di derivazione e complementari (apparecchiature elettromeccaniche, ponti canale, ponti tubo, opere di consolidamento delle sponde)

Massima altezza: 103,50 m
Lunghezza coronamento: 432 m
Volume invasato: 33 milioni mc

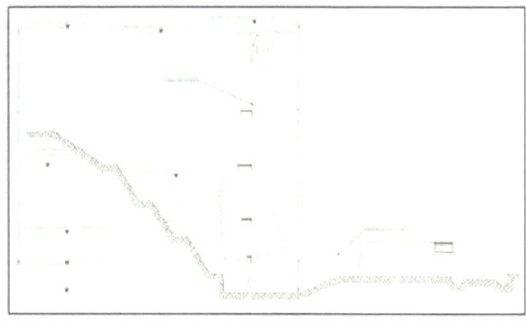

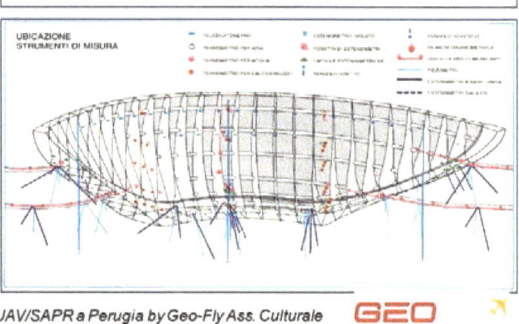

UAV/SAPR a Perugia by Geo-Fly Ass. Culturale
14 e 15 Gennaio 2016 – S.Grassi

UAV/SAPR a Perugia by Geo-Fly Ass. Culturale
14 e 15 Gennaio 2016 – S.Grassi

DIGA DI RIDRACOLI (FC) - Gli aeromobili a pilotaggio remoto nel rilievo delle opere di sbarramento

Fasi del lavoro:

1. Inquadramento topografico a terra, apposizione marker e successiva determinazione delle coordinate, rilevamento laser scanner finalizzato alla validazione del modello
   (3 giorni, 417 marker <naturali ed artificiali>, 9 scansioni laser scanner);

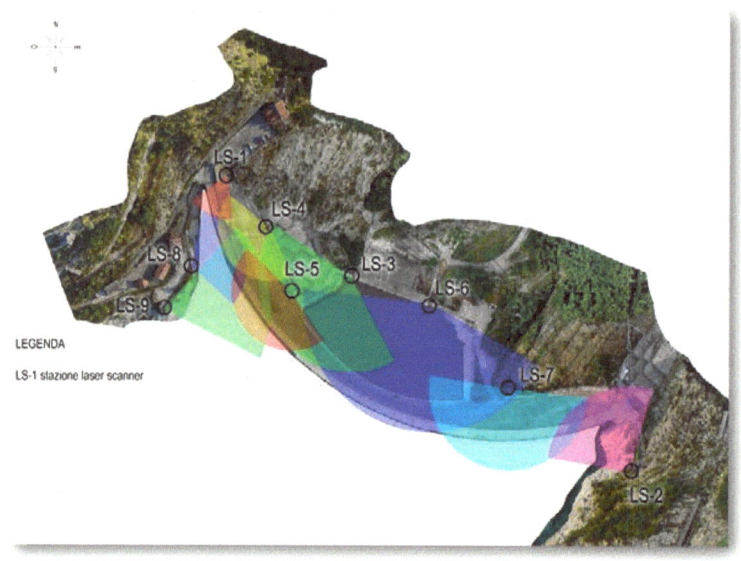

LEGENDA

LS-1 stazione laser scanner

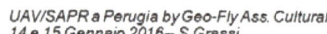

DIGA DI RIDRACOLI (FC) - Gli aeromobili a pilotaggio remoto nel rilievo delle opere di sbarramento

Fasi del lavoro:

1. Inquadramento topografico a terra, apposizione marker e successiva determinazione delle coordinate, rilevamento laser scanner finalizzato alla validazione del modello
   (3 giorni, 417 marker -naturali ed artificiali-, 9 scansioni laser scanner);
2. Volo a mezzo APR finalizzato alla video-ispezione e alla fotogrammetria metrica non convenzionale
   (1 giorno, 4051 fotogrammi acquisiti);
3. Elaborazioni immagini per video-ispezione;

UAV/SAPR a Perugia by Geo-Fly Ass. Culturale
14 e 15 Gennaio 2016– S.Grassi

UAV/SAPR a Perugia by Geo-Fly Ass. Culturale
14 e 15 Gennaio 2016– S.Grassi

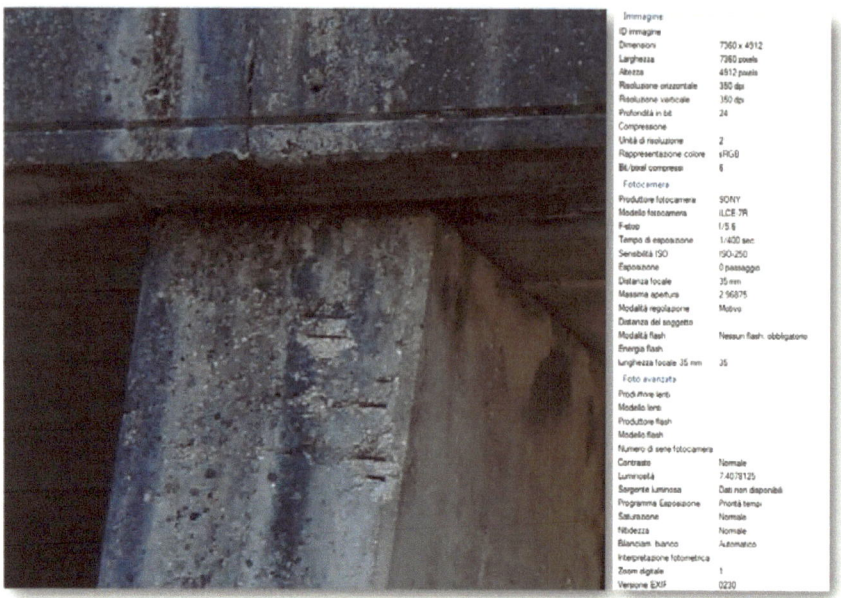

Immagine	
ID immagine	
Dimensioni	7360 x 4912
Larghezza	7360 pixels
Altezza	4912 pixels
Risoluzione orizzontale	350 dpi
Risoluzione verticale	350 dpi
Profondità in bit	24
Compressione	
Unità di risoluzione	2
Rappresentazione colore	sRGB
Bit/pixel compressi	6
Fotocamera	
Produttore fotocamera	SONY
Modello fotocamera	ILCE-7R
F-stop	1/5 6
Tempo di esposizione	1/400 sec
Sensibilità ISO	ISO-250
Esposizione	0 passaggio
Distanza focale	35 mm
Massima apertura	2 96875
Modalità regolazione	Motivo
Distanza del soggetto	
Modalità flash	Nessun flash, obbligatorio
Energia flash	
lunghezza focale 35 mm	35
Foto avanzata	
Produttore lens	
Modello lens	
Produttore flash	
Modello flash	
Numero di serie fotocamera	
Contrasto	Normale
Luminosità	7.4078125
Sorgente Luminosa	Dati non disponibili
Programma Esposizione	Priorità tempi
Saturazione	Normale
Nitidezza	Normale
Bilanciam. bianco	Automatico
Interpretazione fotometrica	
Zoom digitale	1
Versione EXIF	0230

UAV/SAPR a Perugia by Geo-Fly Ass. Culturale
14 e 15 Gennaio 2016 – S.Grassi

DIGA DI RIDRACOLI (FC) - Gli aeromobili a pilotaggio remoto nel rilievo delle opere di sbarramento

Fasi del lavoro:

1. Inquadramento topografico a terra, apposizione marker e successiva determinazione delle coordinate, rilevamento laser scanner finalizzato alla validazione del modello
   (3 giorni, 417 marker -naturali ed artificiali-, 9 scansioni laser scanner);
2. Volo a mezzo APR finalizzato alla video-ispezione e alla fotogrammetria metrica non convenzionale
   (1 giorno, 4051 fotogrammi acquisiti);
3. Elaborazioni immagini per video-ispezione;
4. Fotomodellazione e generazione nuvola di punti
   (13 blocchi per un totale di 926 Milioni di punti, 22 Gb);
5. Validazione del modello;

UAV/SAPR a Perugia by Geo-Fly Ass. Culturale
14 e 15 Gennaio 2016 – S.Grassi

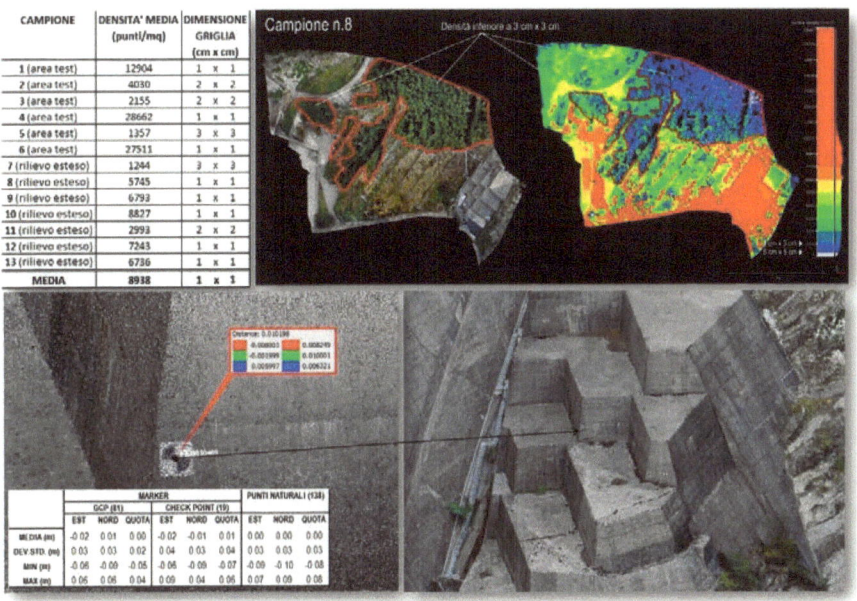

CAMPIONE	DENSITA' MEDIA (punti/mq)	DIMENSIONE GRIGLIA (cm x cm)		
1 (area test)	12904	1	x	1
2 (area test)	4030	2	x	2
3 (area test)	2155	2	x	2
4 (area test)	28662	1	x	1
5 (area test)	1357	3	x	3
6 (area test)	27511	1	x	1
7 (rilievo esteso)	1244	3	x	3
8 (rilievo esteso)	5745	1	x	1
9 (rilievo esteso)	6793	1	x	1
10 (rilievo esteso)	8827	1	x	1
11 (rilievo esteso)	2993	2	x	2
12 (rilievo esteso)	7243	1	x	1
13 (rilievo esteso)	6736	1	x	1
MEDIA	8938	1	x	1

UAV/SAPR a Perugia by Geo-Fly Ass. Culturale
14 e 15 Gennaio 2016 — S.Grassi

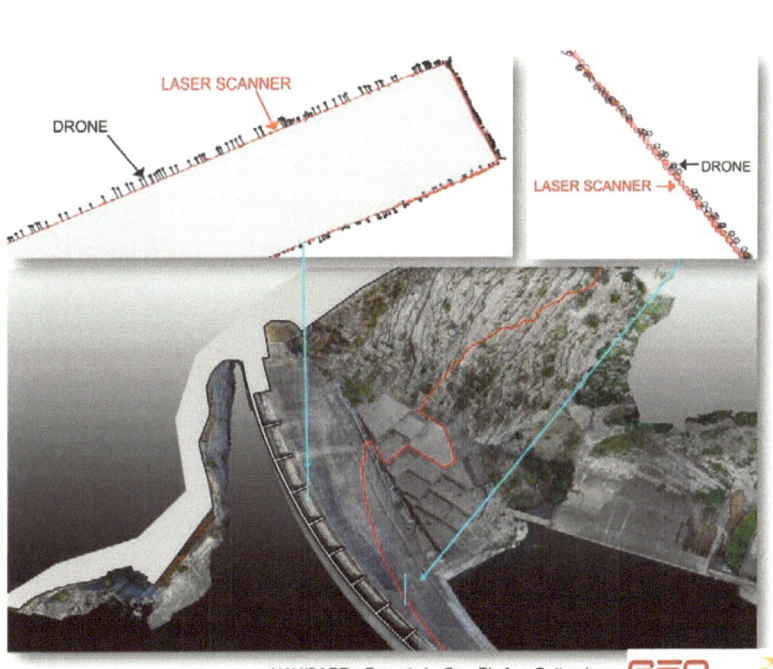

UAV/SAPR a Perugia by Geo-Fly Ass. Culturale
14 e 15 Gennaio 2016 — S.Grassi

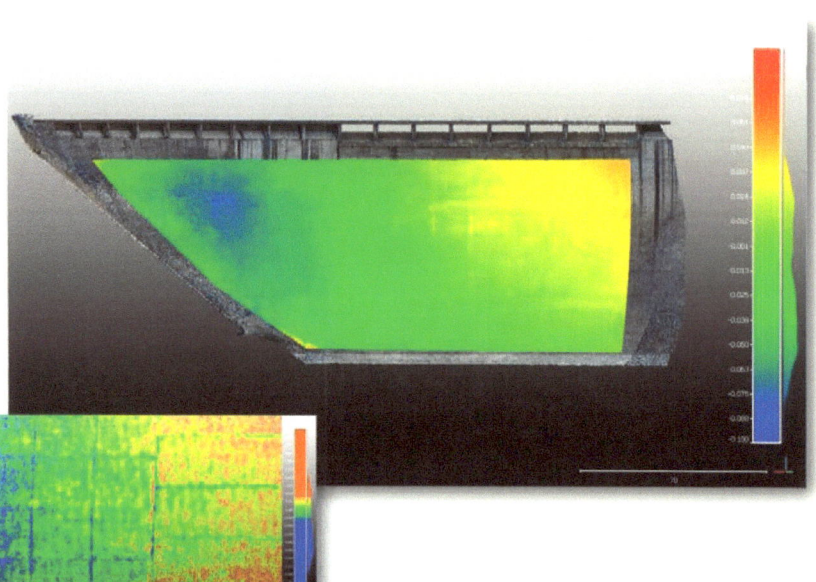

62

DIGA DI RIDRACOLI (FC) - Gli aeromobili a pilotaggio remoto nel rilievo delle opere di sbarramento

Fasi del lavoro:

1. Inquadramento topografico a terra, apposizione marker e successiva determinazione delle coordinate, rilevamento laser scanner finalizzato alla validazione del modello
   (3 giorni, 417 marker -naturali ed artificiali-, 9 scansioni laser scanner);
2. Volo a mezzo APR finalizzato alla videoispezione e alla fotogrammetria metrica non convenzionale
   (1 giorno, 4051 fotogrammi acquisiti);
3. Elaborazioni immagini per videoispezione;
4. Fotomodellazione e generazione nuvola di punti
   (13 blocchi per un totale di 926 Milioni di punti, 22 Gb);
5. Validazione del modello;
6. Modello geometrico 3D e Modello FEM.

SISTEMI UAV/RPAS PER IL RILIEVO GEO-TOPOGRAFICO, TERRITORIALE, DEI BENI CULTURALI E DEI 3D CITY MODELS

Esercitazione
Silvia Grassi

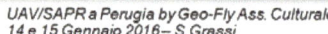

UAV/SAPR a Perugia by Geo-Fly Ass. Culturale
14 e 15 Gennaio 2016 – S.Grassi

UAV/SAPR a Perugia by Geo-Fly Ass. Culturale
14 e 15 Gennaio 2016 – S.Grassi

UAV/SAPR a Perugia by Geo-Fly Ass. Culturale
14 e 15 Gennaio 2016 – S.Grassi

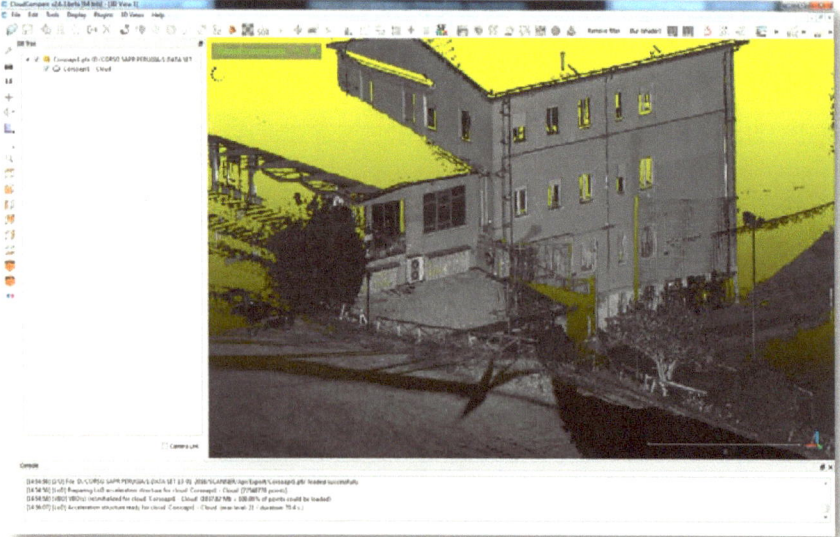

UAV/SAPR a Perugia by Geo-Fly Ass. Culturale
14 e 15 Gennaio 2016 – S.Grassi

La postelaborazione dei dati UAV.
Procedure e software.

a cura di D.Bianchini

L'esperienza quindicinale di Bianchini allo sviluppo delle applicazioni SW specifiche della fotogrammetria digitale, fanno si che la sua conoscenza della materia fluisca con rara naturalezza. La sua relazione è stata quindi pari ad una lettura lineare del processo di gestione dei sistemi UAV, di senseFly in primis, senza però tralasciare altre piattaforme, riservando una notevole attenzione al workflow applicativo di livello professionale finalizzato alla produzione cartografica, ai dati geospaziali 3D e a tutti gli altri risultati ottenibili come informazione georeferenziata, dalla fotogrammetria di nuova generazione. Pianificare il volo, effettuare la missione, elaborare i dati con APS di Menci Software, è quanto serve per produrre il disegno immersivo in 3D del territorio, sia esso un complesso monumentale, un aggregato urbano o qualunque altro tipo di infrastruttura.

PANORAMICA DEI SISTEMI SENSEFLY

ESPERIENZA ITALIANA

ESPERIENZE

Chi siamo

- ☐ Menci Software **nasce nel 1999** ed ha **oltre 16 anni di esperienza** nella ricerca e sviluppo di strumenti e tecnologie per il rilievo fotogrammetrico (aereo, satellitare, terrestre).

- ☐ Menci Software è leader nello sviluppo dei **software di fotogrammetria** per l'elaborazione di dataset di immagini acquisite da Sistemi Aeromobili a Pilotaggio Remoto (SAPR).

- ☐ **Rivenditore esclusivo per l'Italia di SenseFly** promuove la sinergia del sistema APS Suite sia con i dati di acquisizione di eBee e Exom (droni SenseFly) che con quelli di qualsiasi altro Sistema a Pilotaggio Remoto (SAPR).

Know How

- **Computer Vision, fotogrammetria e ricostruzione 3d** sono da sempre il core business della nostra azienda
- La nostra attività concerne l'invenzione, **la progettazione e realizzazione di nuove tecnologie** e strumenti nel settore tecnico-scientifico di competenza
- Abbiamo una forte propensione alla **ricerca applicata** e siamo in grado di portare idee, soluzioni e prototipi funzionanti per progetti specifici di rilievo 3d
- Le piccole dimensioni aziendali, la giovane età del personale, la capacità al lavoro multitask, ci rende particolarmente **dinamici e versatili**

ESPERIENZE

Ambito di appartenenza: la misura

La misura è alla base del rilievo e si identifica con essa.

Dal punto di vista tecnico-scientifico

il rilievo serve a

conoscere l'oggetto nel suo stato fisico attuale.

Definizione di fotogrammetria

I metodi fotogrammetrici sono metodi di **rilievo per misura indiretta** cioè si attua tramite misure od osservazioni strumentali indirette, supportate da relazioni matematiche.

La fotogrammetria è infatti
la scienza per determinare
la posizione e la
forma degli oggetti in
3d
a partire dalla
fotografia.

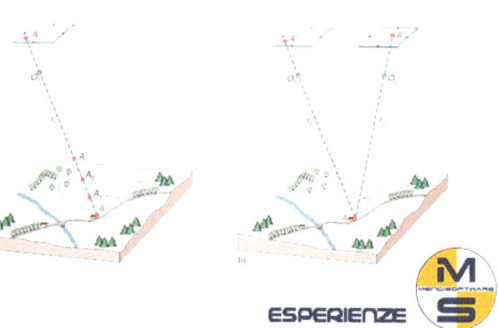

ESPERIENZE

La proposta tecnologica di Menci:

- Drone Planante senseFly **eBee**
- **Sensori eBee**: RGB, NIR, RE, Multispec 4c, thermoMap
- **APS**: software di elaborazione immagini
- **TerrainTools**
- Drone Quadricottero Sensefly **eXom**
- **StereoCAD**

ESPERIENZE

Droni

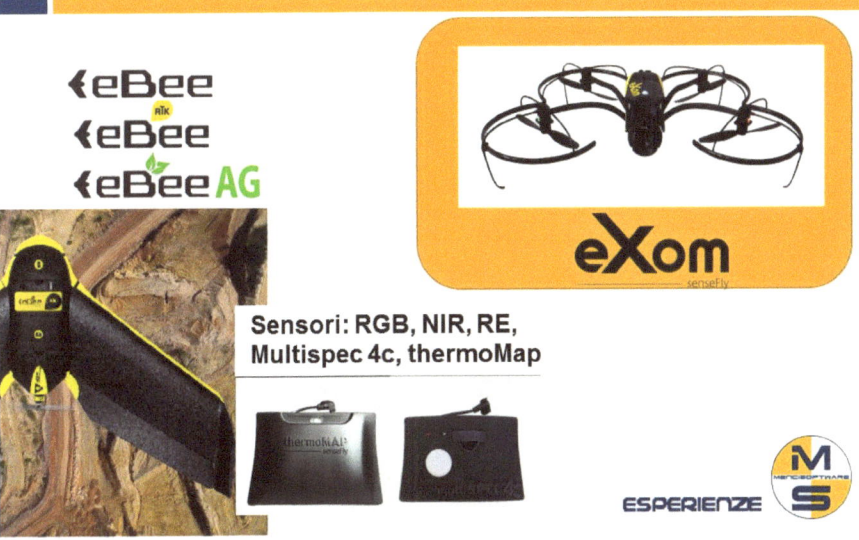

Sensori: RGB, NIR, RE, Multispec 4c, thermoMap

ESPERIENZE

eBee – Caratteristiche principali

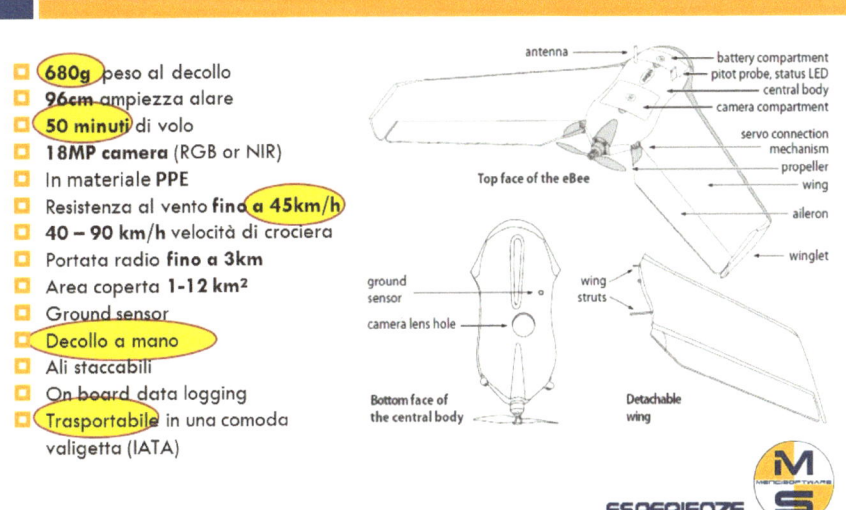

- **680g** peso al decollo
- **96cm** ampiezza alare
- **50 minuti** di volo
- **18MP camera** (RGB or NIR)
- In materiale **PPE**
- Resistenza al vento **fino a 45km/h**
- **40 – 90 km/h** velocità di crociera
- Portata radio **fino a 3km**
- Area coperta **1-12 km²**
- Ground sensor
- Decollo a mano
- Ali staccabili
- On board data logging
- Trasportabile in una comoda valigetta (IATA)

ESPERIENZE

Sistemi di comando e gestione criticità

PILOTA AUTOMATICO APR

Interviene in caso di **vento troppo forte, scarsa copertura GPS**, livello **batteria basso**, **perdita di segnale con il sistema di terra**.
È in grado di **determinare automaticamente il tempo di ritorno ed atterrare dove previsto**.
Nel caso in cui l'apparecchio **sia troppo vicino al suolo (circa 40m) lo riporta in quota.**
Funziona anche se il sistema di terra è spento / non funzionante.

SISTEMA DI TERRA

Permette il controllo del drone e la gestione di tutti i comandi di volo.
Può far **stazionare l'APR** su un punto qualsiasi, **richiamarlo, interrompere la missione, farlo atterrare in qualsiasi punto o abortire l'atterraggio in caso di pericolo.**

RADIOCOMANDO

Consente di **manovrare il mezzo se necessario**.
Il radiocomando **funziona anche se il sistema di terra è spento / non funzionante.**

ESPERIENZE

eMotion: pianificazione e controllo di volo

eMotion
senseFly

✓ SIMULA

✓ PIANIFICA

✓ CONTROLLA

eMotion permette di:
- comunicare il piano di volo al SAPR,
- gestire qualsiasi tipo di emergenza,
- richiamare il SAPR in ogni momento
- monitorare tutte le fasi del volo.

Tramite la connessione radio visualizza il volo in tempo reale

Grazie alla Consolle di bordo può verificare le condizioni di volo

Coordina Sessioni multiple con 2 o + droni

ESPERIENZE

eMotion: pianificazione e controllo di volo

Control Bar: **gestione comandi del volo**   Flight Monitoring Tab: **informazioni di volo**

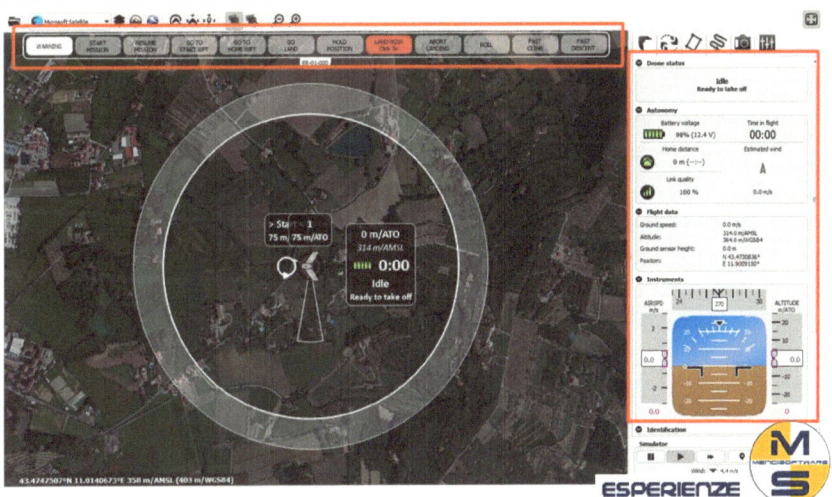

Nuovo Quadricottero

- ✓ sensori integrati

- ✓ visione a 360°

- ✓ sicuro, robusto ma leggero

TripleView Sensor Head

5 Ultrasonic Sensor
5 Visual Sensor
(nevcam)

Navigation lights
2 green on the right
2 red on the left

Anti-collision lights
1 top strobe
1 bottom strobe

ESPERIENZE

Caratteristiche tecniche

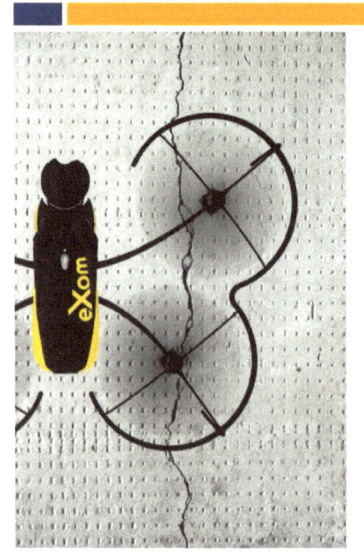

- □ Peso: 1.7 kg
- □ Dimensioni: 56x80x17cm
- □ Materiale: in fibra di carbonio
- □ Batteria in volo: fino a 22 minuti
- □ Resistenza al vento: fino a 30km/h
- □ Sistema di Pilotaggio: autonomo, gestito con sw Emotion X
- □ Radio modem per il collegamento dati
- □ Copertura radio: fino a 2 km
- □ controllo remoto (se richiesto un pilota di sicurezza)
- □ Pilota automatico e sistemi di controllo: IMU, magnetometro, barometro e GPS.
- □ Camere: camera HD da 38 MP (video e immagini HD), camera termica (immagini e video termici), Nevcam (head, left, right, rear, bottom)
- □ Sensori ultrasonici di prossimità: in testa, dietro, sinistro, sotto.

ESPERIENZE

Infrastrutture e Architetture

- ✓ Ponti
- ✓ Dighe
- ✓ Torri
- ✓ Antenne

Punti di forza

- completamente **autonomo** nella missione
- gestione indipendente delle **emergenze**
- **calibrazione automatica** dei propri sensori
- **Impossibilità di collisione** grazie a sensori ultrasuoni e camere di visione
- **Sistema di prossimità** ridondante
- Acquisizione da **+90° a -90°**
- **Scansione verticale** a distanza fissa da 0 a 6 metri grazie ai sensori di prossimità
- **Leggerezza** della struttura, in fibra di carbonio oltre a fibre resinose e polimeriche: peso **sotto 2 kg** (risponde alle esigenze normative)
- **Corpo unitario** con sensoristica ed elettronica collegata ad una struttura rigida in magnesio che garantisce rigidità di collegamento tra sensori
- **Quantità di sensori**: 5 navcam, 5 ultrasuoni, camera full HD 38MP, camera termica allineate tra loro
- **Manovrabilità** semplice, intuitiva e precisa
- Velocità massima di **resistenza al vento** 8-10m/s

Ala fissa vs Rotore

COPERTURA	Grandi aree	Piccole Aree
ATTERRAGGIO e DECOLLO	sectors	spot
RISOLUZIONE	cm/px	mm/px
ANGOLO DI VISIONE	0° a -50°	+90° a -90°
MAPPATURA 3D DI INFRASTRUTTURE	complessa	semplice
ISPEZIONE IN PRIMO PIANO	no	si

ESPERIENZE

Terra 3D mappig tool

Il software Pix4D processa automaticamente immagini terrestri e aeree acquisite da droni o aerei utilizzando la sua tecnologia innovativa di elaborazione delle immagini

ESPERIENZE

Software Menci

□ APS

Stazione fotogrammetrica per produrre
ortofoto, dsm, dtm, curve di livello

□ StereoCAD

Software di ispezione e navigazione
stereoscopica.

Foto-restituzione professionale

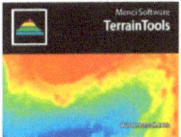

□ TerrainTools

Editing e analisi di modelli DTM e DSM,
calcolo, volumi

ESPERIENZE

Esperienza commerciale in Italia

circa 100 APR

Sensefly

in Italia

25% Swinglet

70% Ebee

5% Exom

ESPERIENZE

Ripartizione mercato

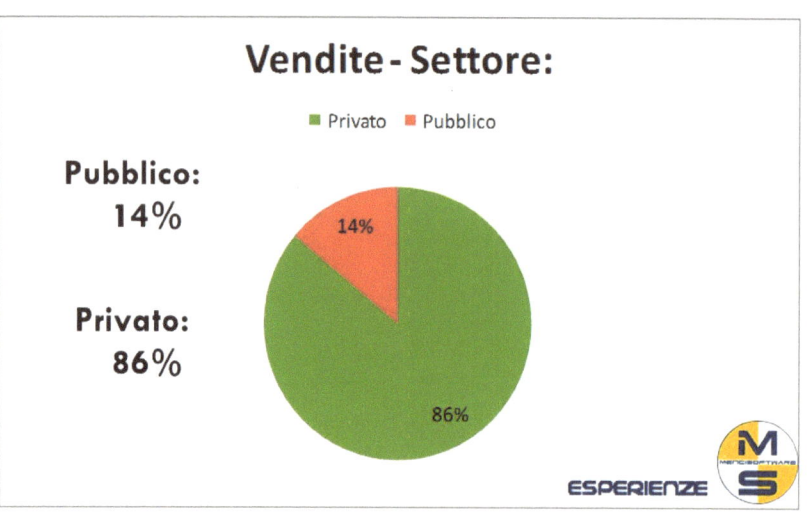

Pubblico:
14%

Privato:
86%

Vendite - Settore:
■ Privato ■ Pubblico

14%

86%

Applicazioni principali dei nostri clienti

- Pianificazione territoriale
- Monitoraggio ambientale
- Controllo fenomeni evolutivi
- Progettazione
- Topografia
- Agricoltura
- Geologia

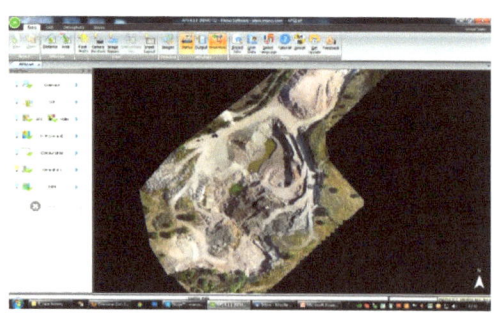

Perchè scegliere Ebee

- Rilievo di aree estese
- Massima sicurezza
- Rapidità di esecuzione
- Leggerezza e facilità d'uso
- Affidabilità
- Volo aree critiche

Perchè scegliere Exom

- Ispezioni ravvicinate
- Sicurezza grazie ai sensori di distanza
- Leggerezza e facilità d'uso
- Compattezza
- Risoluzione sotto il millimetro
- Rilievo di oggetti complessi
- Termico e visibile integrato

Cosa aggiunge Menci

Software specialistico per la
stereorestituzione, la misura
3d ed il tracciamento sul
modello (immagini orientate)
e ispezione puntuale

Software cartografico APS in
lingua italiana, con
caratteristiche di rigore e
precisione nel blocco

APS 7

❏ Nuova estrazione automatica del certificato
della camera

❏ Import di dati RTK

❏ Nuovo bundle strategy

❏ Ortofoto più precisa

APS Workflow

Il software
raccoglie
le immagini
rilevate
da qualsiasi
drone,
le elabora
seguendo
Lo specifico
flusso
di lavoro e le
traduce
In dati misurabili

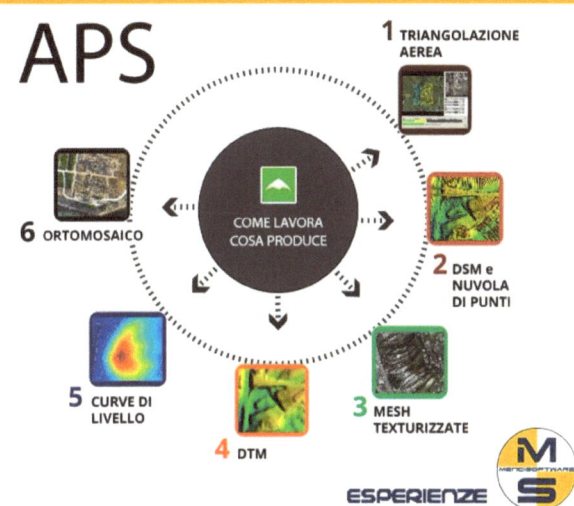

StereoCAD

- Disegno cartografico 3d
- Stereoscopia in diversi modi
- Ispezione
- Misura puntuale
- Smart draw con codici predefiniti
- Roaming continuo
- Messa in quota automatica

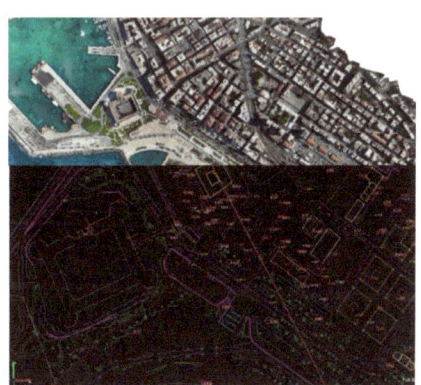

Stereoscopia in diversi modi:

1) Scheda stereo Nvidia Quadro, monitor alta frequenza e occhiali Nvidia

2) TV 3d con occhiali attivi o passivi (dipende dalla TV)

3) Anaglifico

ESPERIENZE

Normativa ENAC

REGOLAMENTO

☐ *MEZZI AEREI A PILOTAGGIO REMOTO REGOLAMENTO*
 --- *Edizione n° 1 del 16.12.2013*
☐ *MEZZI AEREI A PILOTAGGIO REMOTO CIRCOLARE*
 --- *Edizione del 30.04.2014*
☐ *BOZZA DEL REGOLAMENTO*
 "Mezzi Aerei a Pilotaggio Remoto" – Ed.2 – 16/03/2015
☐ *MEZZI AEREI A PILOTAGGIO REMOTO REGOLAMENTO "Mezzi Aerei a Pilotaggio Remoto" – Edizione n° 2 del 16 luglio 2015*

Il nuovo regolamento propone un approccio bilanciato sul tema della sicurezza, che tiene conto delle diverse attività condotte con un APR, i sistemi di sicurezza degli stessi e della qualifica dei piloti.

Altra differenza riguarda gli APR minori di 2kg, per i quali è previsto una notevole libertà di lavoro

ESPERIENZE

Normativa ENAC

ARTICOLO 12

☐ L'art. 12 del nuovo regolamento definisce le «*Operazioni con APR di massa operativa al decollo minore o uguale a 2 kg*»

Nello specifico il comma 1 afferma che tutte le operazioni specializzate sono considerate non critiche in tutti gli scenari operativi, a condizione che gli aspetti progettuali e le <u>tecniche costruttive dell'APR abbiano caratteristiche di inoffensività,</u> precedentemente accertate dall'ENAC o da soggetto da esso autorizzato.

ESPERIENZE

Normativa ENAC

ARTICOLO 13

☐ L'art. 13 invece definisce la possibilità da parte del costruttore di richiedere il <u>certificato di progetto </u>per i droni prodotti in serie.

☐ Il comma 1 dell'art. 13 dichiara che il certificato di progetto attesta la rispondenza al comma 1 dell'art. 12, quindi afferma l'operatività di non criticità per i droni sotto i 2 kg in tutti gli scenari operativi.

☐ Sempre previsto dall'art. 13, ogni SAPR in possesso di un certificato di progetto, deve essere accompagnato da un <u>certificato di conformità</u> emesso dal costruttore che attesta la rispondenza alla configurazione identificata nel relativo certificato di progetto.

ESPERIENZE

Normativa ENAC

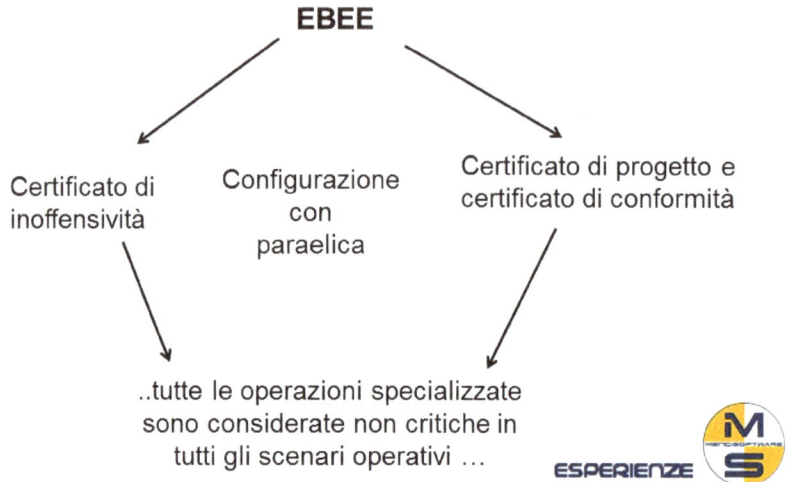

EBEE

Certificato di inoffensività

Configurazione con paraelica

Certificato di progetto e certificato di conformità

..tutte le operazioni specializzate sono considerate non critiche in tutti gli scenari operativi …

ESPERIENZE

Procedura attuale:

Inviare domanda di rilascio Autorizzazione corredato da:

ENAC

- ☐ Documento di Configurazione , in cui viene descritta la configurazione comprensiva della dotazione aggiuntiva per operare in aree critiche.
- ☐ Attestato di rischio per aree critiche
- ☐ Documento delle Limitazioni
- ☐ Manuale di volo
- ☐ Manuale delle Operazioni Specializzate
- ☐ DAS sperimentazioni fatte
- ☐ Manuale eBee
- ☐ Attestati di corso pratico, teorico e visita medica

ESPERIENZE

Aggiornamento periodico di:

ENAC

□ **Quaderno tecnico di bordo(QTB) – APR Technical Logbook (ATL)** *compilare in caso di eventuali guasti/difetti riscontrati dal pilota*

□ **Battery Management History Sheet,** *dove va annotato, per ognuna delle batterie possedute, ogni ciclo di carica e scarica.*

□ **Flight Log History Book,**

□ **Log Book**

□ **Storage History Book**

ESPERIENZE

ENAC

Con il paraelica lo strumento eBee
soddisfa i criteri qualitativi di inoffensività.

Video inoffensività

ESPERIENZE

85

Applicazioni professionali con i droni dall'A alla Z

a cura di D.Santarsiero

La relazione di Santarsiero, non poteva escludere la presentazione del volume, fresco di stampa, che prende in esame l'intera filiera dei sistemi APR o UAV, come vengono chiamati per lo più nel volume. Un breve excursus del volume, ed una lettura veloce sulla storia degli UAV, sulle tecnologie di base, sugli innovativi sensori miniaturizzati, portati a dimensioni compatibili con i piccoli e piccolissimi droni per le applicazioni civili.

La storia degli UAV a colpo d'occhio

- 1849 - Gli austriaci attaccano Venezia

- Primo uso di un sistema UAV (palloni) a scopo militare.

- 1916 - progetto "Aerial Target" Il primo sistema di addestramento su bersaglio mobile per l'esercito inglese. Da qui il termine "drone" in uso attualmente.

- 1917 - Hewitt e Sperry realizzano un Automatic Airplane Nasce il primo dimostratore di volo che riassume il concetto di Unmanned Aircraft Vehicle (UAV).

- 1935 - Nasce il Reginald Denny's Radioplane Il primo modello di UAV viene realizzato su larga scala, con la funzione di target drone (USA).

UAV/SAPR a Perugia by Geo-Fly Ass. Culturale
14 e 15 Gennaio 2016 - D. Santarsiero

La storia degli UAV a colpo d'occhio

- **2010 - Gli UAV in cima alla vetta**
L'esercito USA acquita per la prima volta più droni che aerei tradizionali.

- Parrot commercializza il primo AR.Drone
Il primo multirotore in grado di volare e acquisire immagini, il tutto controlla- to da App per iOS e Android.

- **2013 - Droni postini**
Il Parcelcopter di DHL inizia i suoi primi test nella consegna di piccola corri- spondenza e medicinali.

- **2014 - L'anno dei droni**
Da più parti cominciano a prendere forma diversi progetti gestiti negli anni passati e decine di aziende offrono sistemi. I grandi player affinano le politi-che di mercato e nascono progetti incredibili come il Power Up interamente finanziato attraverso il **Crowdfounding** di Kickstarter.

UAV/SAPR a Perugia by Geo-Fly Ass. Culturale
14 e 15 Gennaio 2016 - D.Santarsiero

La storia degli UAV a colpo d'occhio

- **2015 - Il marketplace degli UAV prende forma**
Sarà ricordato come l'anno dei droni civili, della prima normativa USA e dei primi grandi think tank europei e internazionali che cominceranno a promuovere il settore, in primis le associazioni di settore europee e l'AUSVI (www.ausvi.d'oltreoceano, che ha organizzato un evento in quel di Bruxelles.

UAV/SAPR a Perugia by Geo-Fly Ass. Culturale
14 e 15 Gennaio 2016 - D.Santarsiero

88

La convergenza tra Makers & Open Hardware

- Artigiani del terzo millennio (elettronica, informatica, comunicazione, finanziamenti dal basso - crowdfunding).

- Il contributo italiano alla condivisione delle idee e della progettazione hardware.

- Le community e

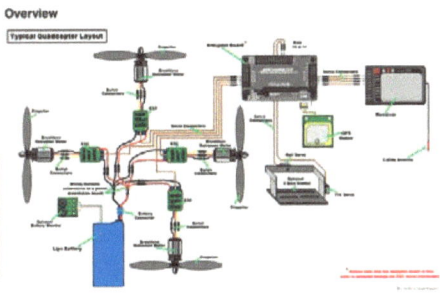

UAV/SAPR a Perugia by Geo-Fly Ass. Culturale
14 e 15 Gennaio 2016 - D.Santarsiero

L'innovazione tra tecnologia e saperi

- Motori brushless

- Open hardware & software

- MEMS (Micro Electro-Mechanical Systems)

- Wireless e IoT paradigma

- GNSS

- Sensori ottici

- Attuatori

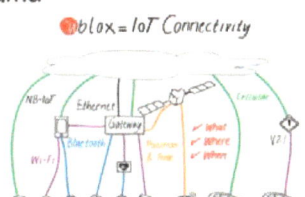

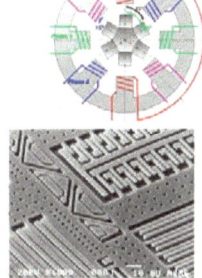

MEMS

UAV/SAPR a Perugia by Geo-Fly Ass. Culturale
14 e 15 Gennaio 2016 - D.Santarsiero

Sensori in volo

- Sensori innanzitutto

- Droni o FlyCam

UAV/SAPR a Perugia by Geo-Fly Ass. Culturale
14 e 15 Gennaio 2016 - D. Santarsiero

Il mercato

- Prima il divertimento

- Attività professionali

- Attività di sorveglianza

- Monitoraggio ambientale

- Agricoltura

- Ricerca e soccorso

- 4/5 mila operatori
  potenziali in Italia

Commercial Drones

Utilities

Delivery   Mining   Research

Insurance   Broadcasting   Railroad/Tran

Energy   Construction   Inspection   sport

Aerial Cinematography

Aerial   Entertainment

Photography   Mapping   Agriculture

Surveying   Providing Aid   Oil and Gas   Real Estate

Monitoring

"Autonomous vehicles will disrupt the business dynamics of at least 1/3
of the industries in the developed world." gartner news 10/08/2014

 **Drone**Deploy

UAV/SAPR a Perugia by Geo-Fly Ass. Culturale
14 e 15 Gennaio 2016 - D. Santarsiero

GRAZIE
A
TUTTI

UAV/SAPR a Perugia by Geo-Fly Ass. Culturale
14 e 15 Gennaio 2016 - D.Santarsiero

La preparazione del sito test

L'ideazione del percorso formativo attraverso il workshop, non poteva non contemplare un'area di testing delle tecnologie impiegate. Pertanto è stato scelto di realizzare un di banco di prova nelle stesse pertinenze della struttura ricettiva Mater Gratiae.

Sull'area sono stati quindi posti dei punti di georeferenziazione materializzati con diversi target fotogrammetrici, che permettevano tanto i rilievi plano-altimetrici per la componente aereofotogrammetrica standard quanto quelli della componente architettonica della struttura.

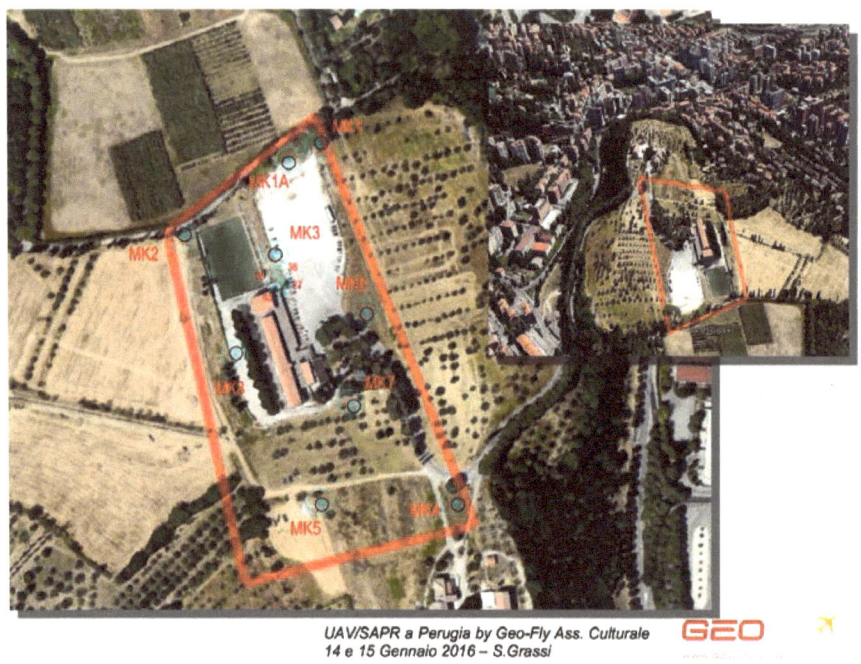

L'individuazione dei GCP su una mappa google dell'area.

La componente architettonica del test, è stata chiaramente asservita anche da un rilievo con laser scanner ZF imager 5010.

Il rilievo dei GCP è stato effettuato impiegando un sistema GPS in modalità RTK e una stazione totale per il rilievo dei marker non stazionabili con il GPS.

Uno scorcio sui punti di controllo a terra (GCP).

Al termine delle operazioni sono stati cosi rilevati e calcolati circa 16 punti, le cui coordinate nel riferimento ETRF2000 del fuso 33 sono le seguenti:

Nome	Est	Nord	Quota
MK1A	286268,889	4776803,499	383,532
MK2	286183,326	4776826,414	374,008
MK3	286255,730	4776811,617	383,972
MK4	286389,954	4776614,833	393,535
MK5	286285,083	4776617,560	381,323
MK6	286325,506	4776763,541	387,598
MK7	286310,643	4776693,954	385,250
MK8	286221,697	4776734,031	378,134
STB-MK1	286291,447	4776893,149	383,311

Diversamente, le coordinate topografiche locali impiegate complessivamente sia per i punti a parete che per quelli in pianta, sono le seguenti:

Punto	X=Est	Y=Nord	Z=Quota
1	963,564	887,197	107,875
2	955,599	884,424	103,963
3	969,118	888,171	99,920
4	974,490	891,321	100,515
5	962,024	897,083	95,289

6	964,837	893,560	98,079
7	959,407	885,738	100,321
25	965,071	898,273	98,493
36	972,229	903,649	101,131
MK1A	977,766	989,659	100,233
MK2	894,048	929,931	90,713
MK3	966,869	917,412	100,675
MK4	1107,171	724,962	110,238
MK5	1002,283	724,402	98,030
MK6	1038,105	871,554	104,300
MK7	1025,432	801,547	101,955
MK8	935,289	838,810	94,840

L'inquadramento generale del sito è evidenziato nella relazione di Silvia Grassi di in2geo, che trovate nella raccolta delle slides di presentazione a pag.62 e seguenti.

Un estratto della scena laser scanner impiegata come frame di verifica della fotomodellazione.

I materiali prodotti saranno resi disponibili sul portale di Geo-Fly appena terminate le operazioni di post-elaborazione ed analisi dei risultati.

Le attività di volo con i sistemi UAV/APR

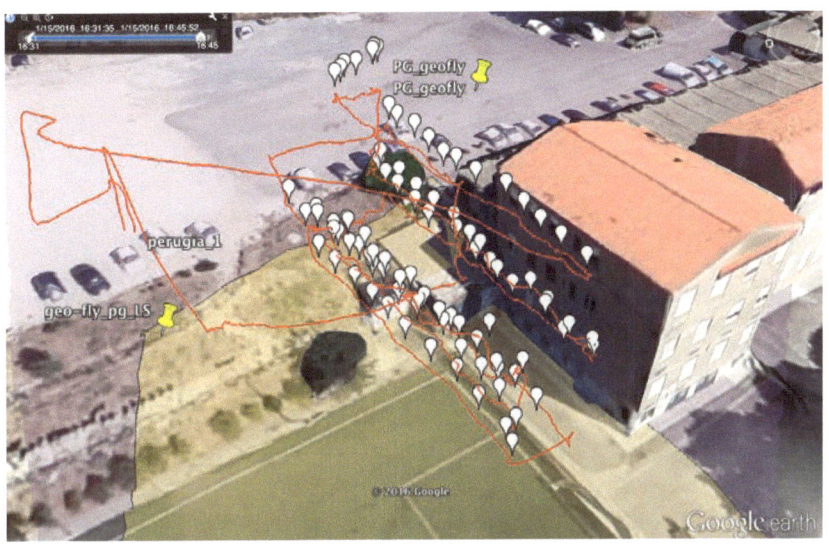

Il path di volo del sistema eXom.

La pianificazione di massima del volo suul'area test.

I test di volo dei sistemi UAV sono stati fatti in condizioni normali ma al limite delle condizioni meteo, che hanno visto alternarsi fasi di cielo coperto e pioggia e momenti con cielo sereno ma con raffiche di vento in quota. Le condizioni meteo hanno comunque condizionato il test di campo ed in quest'ottica, i voli sono stati organizzati in alcuni casi anche in differita rispetto al momento formativo, per recuperare almeno i dati necessari alla fase di testing e verifica dei sistemi. Dati che possono essere impiegati sia per esercitarsi nella realizzazione di modelli 3D, sia per il programma di verifica analitica delle diverse tecnologie e sensori.

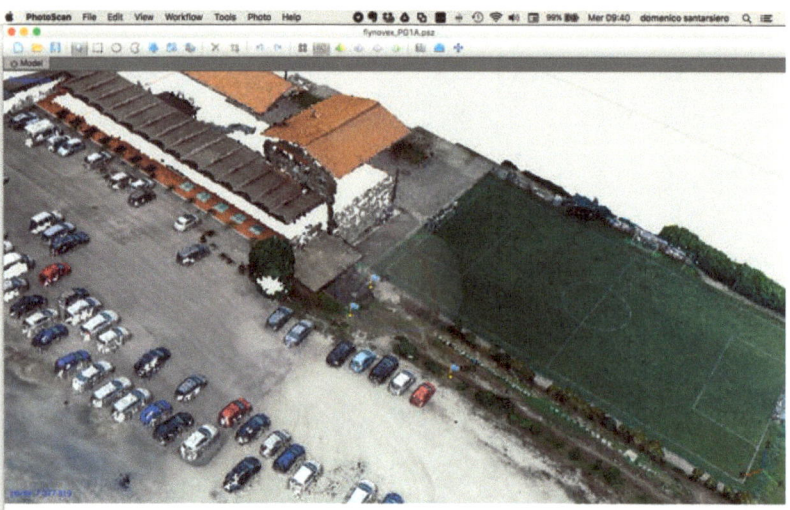

Il modello draft del volo con il sistema FlyNovex.

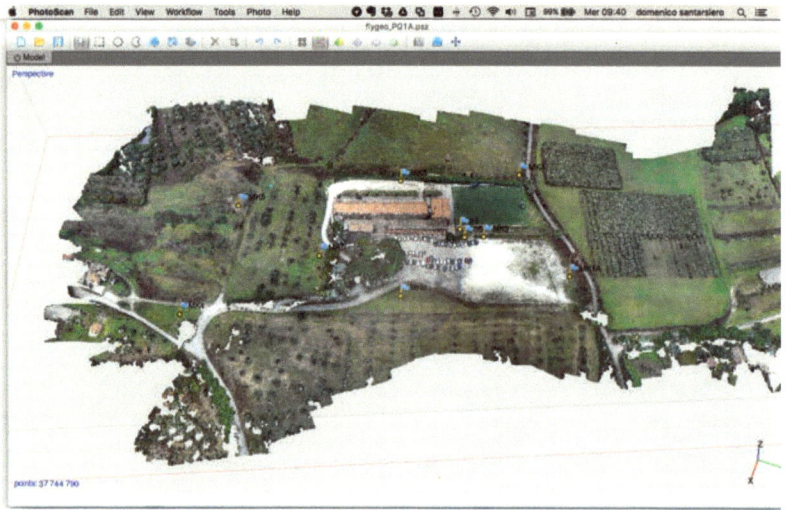

Il modello draft del volo con il sistema FlyGeo24.

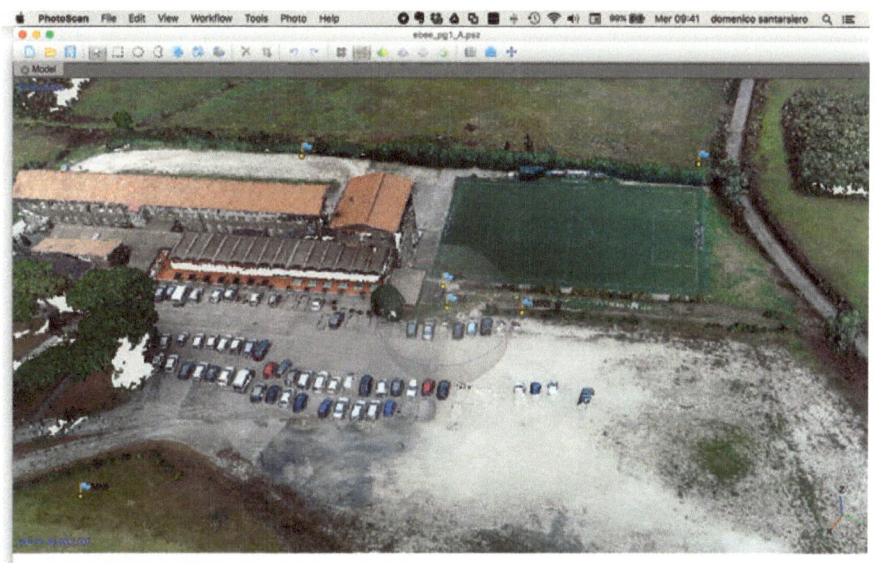

Il modello draft del volo con il sistema eBee.

Il modello draft denso del volo con il sistema eXom.

In particolare, i voli e i dati disponibili sono i seguenti:

- Volo con sistema ad ala fissa **FlyGeo 24Mpx** di FlyTop, con una copertura di circa 129 immagini a quota media 70 m sul piano medio di campagna.
- Volo con sistema **multirotore FlyNovex** di Flytop, con una copertura di sole 30 immagini a causa del volo interrotto per pioggia. I dati sono comunque stati elaborati e sono in ogni caso validi per un test parziale.
- Volo con sistema ad **ala fissa eBee** di senseFly distribuito da Menci Software, per una copertura di 54 immagini.
- Volo con sistema **multirotore eXom** di senseFly distribuito da Menci Software, per una copertura della facciata principale di circa 90 immagini standard e termiche.
- **Rilievo geo-topografico con stazione totale, GPS, e laser scanner ZF 5010**. Oltre ai dati topo-cartografici per l'inquadramento delle riprese aeree, con il laser scanner si ha la possibilità di fare un controllo 1:1 su una porzione del rilievo abbastanza significativo che, in un contesto di modelli 3D con la caratteristica di continuità oggettiva tra elementi cartografici ed elementi architettonici, permette di simulare diversi scenari operativi.

I dati del test operativo possono essere scaricati attraverso la pagina dedicata all'url **www.geo-fly.org/pg1_post_data**

Nella stessa pagina trovate il workflow per il post-processing e il link alla recensione dei software di post elaborazione e di gestione dei sistemi UAV e delle applicazioni fotogrammetriche.

Sistemi impiegati e contributi esterni

Prodotti

APS AERIAL PHOTOGRAMMETRY SOFTWARE

Il software importa le immagini acquisite da qualsiasi drone, le elabora e le trasforma in dati misurabili

DSM e nuvola di punti

Mesh Texturizzate

Digital Terrain Model

Curve di livello

Ortofoto

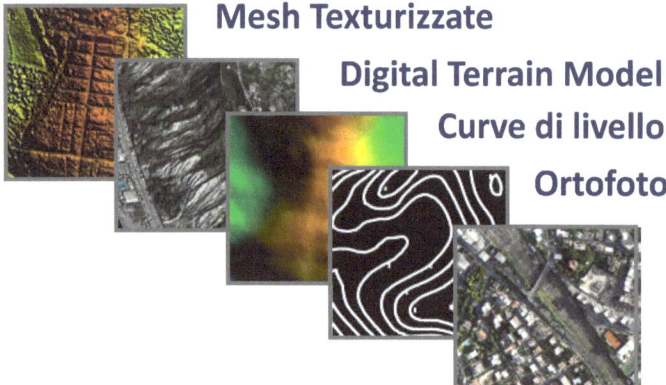

 **TerrainTools**

Software dedicato ad analisi e editing di modelli DEM. Con TerrainTools è possibile calcolare volumi, profili e sezioni

Prodotti MENCi

StereoCAD

Software di
ispezione e navigazione stereoscopica
Foto-restituzione professionale

✓strumenti   ✓misurazioni   ✓rendering
 CAD integrati   puntuali   stereo in 3D

Prodotti senseFly

‹eBee

eBee è autorizzato a voli su aree critiche

peso: 0,680 kg
autonomia di volo: 50 minuti
resistenza al vento: fino a 45 km/h
software inclusi: pianificazione di volo e post-processing

SENSORI: Visibile 18MP, NIR, Red Edge, Multispettrale 4C e termico

VERSIONI DISPONIBILI:

eBee - modello standard

eBee AG - per l'agricoltura di precisione

eBee RTK - per utilizzo senza punti a terra

Prodotti senseFly

eXom

produce in un unico volo
Immagini-Video HD e
Immagini-Video Termici.

peso: 1,7 kg
autonomia di volo: 22 minuti
resistenza al vento: fino a 35 km/h
software inclusi: pianificazione di volo e
post-processing

SENSORI INTEGRATI: Sensore Tripleview,
con camera HD 38MP e camera termica;
Sensori di navigazione e antiurto:
5 sensori di visione e 5 sensori ad ultrasuoni.

Autorizzato al volo su aree non critiche
Chiedici maggiori informazioni per voli su aree miste

FLYGEO®24MPX

La rivoluzione nel rilievo territoriale

FlyGeo® 24Mpx è la soluzione ideale per:

- Aero-fotogrammetria
- Catasto
- Agricoltura di precisione
- Indagini su impianti
- Documentazione in ambito archeologico
- Determinazione di uso del suolo
- Geologia
- Geomorfologia
- Mapping
- Rilievi termici, iper-spettrali, all'infrarosso

I vantaggi del FlyGeo® 24Mpx

- ✔ Facilità di utilizzo
- ✔ Stabilità in volo
- ✔ Facilità d'assemblaggio
- ✔ Catapulta di lancio
- ✔ Paracadute d'emergenza
- ✔ Personalizzazione colore e finiture in funzione del tipo di superficie di atterraggio
- ✔ Navigazione con quota di volo automatica sul profilo 3D di Google (SRTM)
- ✔ Esportazione dei dati in tutti i principali formati
- ✔ Immagini geo-referenziate ad altissima definizione
- ✔ FlyBag in alluminio con cerniere e maniglie
- ✔ Funzione anti-panico che disabilita tutti i comandi e attiva la funzione di sorvolo circolare a quota stabile intorno all'operatore
- ✔ Scatola nera
- ✔ FlyBag in alluminio con cerniere e maniglie
- ✔ Progettato, prodotto, assemblato in Italia nella sede di FlyTop

FLYNOVEX®

Quando controllo e dettaglio sono importanti

FlyNovex® è la soluzione ideale per:

- Rilievi di costoni rocciosi, falesie, cave, ecc.
- Rilievi strutturali
- Ispezioni su ponti, cavalcavia, impianti fotovoltaici ecc.
- Documentazione in ambito archeologico
- Aero-fotogrammetria
- Ricerca e soccorso

Caratteristiche del FlyNovex®

- ✔ Telaio in carbonio di altissima qualità
- ✔ Autonomia di 20 minuti/missione
- ✔ Gimbal a 2 assi con blocco e 3 assi brushless
- ✔ Supporto per camere reflex, videocamere, sensori multi-spettrali, iper-spettrali, lidar e termocamere
- ✔ Comando di scatto da remoto e/o automatico
- ✔ Volo automatico con impostazione missione sia da tablet che PC, decollo ed atterraggio automatici
- ✔ Volo per utenza esperta con radiocomando per accessi in zone prive disegnale GPS
- ✔ Motori ed eliche progettati appositamente per capacità di carico (payload) di 4 Kg
- ✔ Led di segnalazione fronte-retro modello
- ✔ Paracadute di emergenza in caso di guasto
- ✔ Carica batterie da campo e da rete fissa
- ✔ Esportazione dei dati in tutti i principali formati
- ✔ Scatola di trasporto personalizzabile con logo aziendale

105

Presentazione telematica degli atti di aggiornamento catastale (Docfa Pregeo).
Consultazione banche dati certificate come CAMERE DI COMMERCIO, PUBBLICO REGI-STRO AUTOMOBILISTICO, SEI APPALTI.

Servizi *high end* per i professionisti tecnici

- GEO-POINT & GEO-SIT - effettuare rilievi ed estratti di mappa con ortofoto del territorio dagli anni 80 ad oggi.

- GEO-CAF e PdA - per l'Assistenza Fiscale e il Punto di Accesso Processo Civile.

- GEO-CTU - per il deposito degli atti, la gestione di fascicoli e documenti, e delle comunicazioni sui pagamenti.

- GEO-FATTURA e GEO-CON - per gestire on-line le proprie fatture, ma anche un sistema di Gestione Documentale, garantendo integrita, visualizzazione e riproducibilita nel tempo.

- GEO- CHECK by Cerved - per valutare l'affidabilità economico-finanziaria dei vostri partners.

- SUAP - la semplificazione amministrativa con uno strumento completo e sicuro.

- GEOAPP - la ricerca delle competenze diventa geolocalizzata.

GEOWEB mette a disposizione dei propri utenti, professionisti, aziende ed enti, una assistenza unica, via call center specializzato e gestito in house.

L'esperienza di GEOWEB, spazia anche nella formazione professionale continua, attraverso il portale FAD dedicato www.geoformazione.it, con un'innovativa offerta di corsi approvati per i CFP del CNGeGL.

GEOWEB S.p.A. e membro della Federazione Internazionale Geometri (F.I.G.)

GEOWEB S.p.A.

Viale Luca Gaurico 9/11
00143 Roma

T +39 06 54 57 64 20
F +39 06 54 57 64 19
E info@geoweb.it
W www.geoweb.it

PER SAPERNE DI PIÙ

Bibliografia e sitografia

1. *Crediti fotografici* - Otello Grassi, Perugia

2. *Droni per l'innovazione. Sistemi UAV e RPV, applicazioni professionali* dall'A alla Z. Di D.Santarsiero, edizioni wipub 2015. ISBN - 13: 978-1517488789.

3. *Inserti UAV GEOmedia2014.* www.geomediaonline.it

4. *Quadricotteri, multicotteri e droni.* Luca Masali, L'Aeroplanino editore 2014. -

5. *Esperienze 2015. Incontri fotogrammetrici professionali.* edizioni wipub. https://issuu.com/wipub/docs/esperienze_2015_menci_v2

6. Info dettagliate sulle applicazioni e sui riferimenti al 3D, sono disponibili all'url www.geo-fly.org/3d

Enti, associazioni e riferimenti istituzionali nazionali e internazionali

ENAC	Ente Nazionale Aeronautica Civile	www.enac.gov.it
ENAV	Ente Nazionale Assistenza al Volo	www.enav.it
UVS	Associazione Europea RPAS	http://uvs-info.com
ICAO	International Civil Aviation Organization	http://www.icao.int
FAA	Federal Aviation Administration degli USA	http://www.faa.gov
AUVSI	Association for Unmanned Vehicle Systems International	http://www.auvsi.org
UAVS	Unmanned Aerial Vehicle Systems Association UK	https://www.uavs.org
EUROUSC	Associazione Internazionale RPAS Safety Assurance	http://eurousc.com/

Riviste e portali nazionali e internazionali

Dronezine	Prima e unica rivista italiana sui sistemi UAV	www.dronezine.it
Quadricottero news	Uno dei portali nati negli ultimi anni	http://www.quadricottero.com
Drone Magazine	Un altro portale sui droni	http://www.dronemagazine.it/
ROMA DRONE	Salone nazionale sistemi APR	http://www.romadrone.it/
Dronitaly	Salone dei sistemi UAV civili	http://www.dronitaly.it/
TUSEXPO	Salone europeo per le applicazioni di sistemi UAV	http://tusexpo.com/

Sensori

Flir	www.flir.com	USA
IAI MicroPop	www.iai.co.il	Israele
IRCameras	www.ircameras.com	USA
Microgeo	www.microgeo.it	Italia
Tetracam	www.tetracam.com	USA
Quest Innovations	www.quest-innovations.com	Olanda
Flux Data	www.fluxdata.com	USA
BAE Systems	www.baesystems.co	UK
Riegel	www.riegl.com/	Austria
Ricola	http://www.rikola.fi/	Finlandia
Headwall Photonics	www.headwallphotonics.com	USA
Hyspex	www.hyspex.no	Norvegia
Opto Knowledge	www.optoknowledge.com	USA
Advanced Sientific Concepts	www.advancedscientificconcepts.com	USA
Velodyne	www.velodyne.com	USA

Autonomou Stuff	www.autonomousstuff.com	USA
IMSAR	www.imsar.com	USA
Maxbotix	www.maxbotix.com	USA
A2e Tecnologies	www.a2etechnologies.com/	USA
American Dynamics	www.americandynamics.net	USA

Autopilota

Mikrocopter	www.mikrokopter.de	Germania
Airware	www.airware.com	USA
MicroPilot	www.micropilot.com	Canada
Cloud Cap Technology	www.cloudcaptech.com	USA
Procerus/Kestrel	http://www.lockheedmartin.com/us/products/procerus/kestrel.html	USA
NAZA	www.dji.com	Cina
3D Robotics APM	www.3drobotics.com	USA

SW post-processing

Menci APS	www.menci.com	Italia
Pix4D	www.pix4d.com	Svizzera
Mosaic Mill	www.mosaicmill.com	Finlandia
PhotoScan	www.agisoft.ru	Russia
Enso Mosaic	www.ensomosaic.com	Finlandia
PIEneering	www.pieneering.fi	Finlandia

Associati ASSORPAS

Advanced Aviation Technology – A2Tech	www.a2tech.eu	Italia
AERMATICA S.p.A.	www.aermatica.com/	Italia
AeroDron S.r.l	www.aerodron.com/	Italia
AEROPIX	www.aeropix.it	Italia
Aibotix Italia Srl	www.aibotixitalia.it	Italia
Al-To drones srl	www.alto-drones.com	Italia
BIRDVIEW snc	www.birdview.it	Italia
CINEFLY S.n.c.	www.cinefly.it	Italia
Cyberfed di Gian Pietro Fedrigoni	www.cyberfed.eu	Italia
Droinwork Aerial Film	www.droinwork.it	Italia
DRONE AT WORK	www.droneatwork.it	Italia
Eagle Eye Vision	www.eagleyevision.com	Italia
EURODRONE – Personal Soft Service s.a.s.	www.eurodrone.it	Italia
EYE-SKY Srl	www.eye-sky.it	Italia
Filmer Production	www.filmer.it	Italia
Fototrappolaggio srl	www.fototrappolaggio.com	Italia
FTO Padova	www.ftopadova.it	Italia
GEOGRAPHIKE SRL	www.geographike.it	Italia
GEOMATICH SAS	www.geomatich.it	Italia
GLOBAL SERVICE	www.servizitopografici.com	Italia
HELI VR	www.helivr.com	Italia
Italdron s.r.l.	www.italdron.com	Italia
Mechatron Multiservice srl	www.mechatron.it	Italia

Menci Software	www.menci.com	Italia
Microgeo	www.microgeo.it	Italia
MJ MULTICOPTER	www.mjmulticopter.com	Italia
Moviedrone	www.moviedrone.it	Italia
Neutech srl	www.airvision.it	Italia
Nuovi Sistemi S.r.l.	www.cloud-cam.it	Italia
OBEN SRL	www.oben.it	Italia
PANOPTES	www.panoptes.it	Italia
PITOM	www.pitom.eu	Italia
REPORTAIR SRL	www.reportair.it	Italia
S.I.GEO S.rl.	www.sigeosrl.com	Italia
SALT & LEMON	www.saltlemon.eu	Italia
SIRALAB ROBOTICS	www.siralab.com	Italia
Sky Frames di Mariano Guarracino	www.skyframes.eu	Italia
Skyline S.r.l.s.	www.skylinesrls.com	Italia
Studio di Ingegneria Terradat	www.terradat.it	Italia
Studio Topografico Fossati	www.studiotopograficofossati.it	Italia
Techfly by Newprojects.it	www.techfly.it	Italia
TopView s.r.l.	www.topview.it	Italia
Unicity S.p.A.	www.unicity.eu	Italia
ViReal	www.vireal.it	Italia
VOLOVISIONE	www.volovisione.com	Italia
Zollet Service Società Cooperativa Zeta Esse s.c.	www.zolletservice.it	Italia

Volume chiuso in redazione *il*
1 febbraio 2016

www.ingramcontent.com/pod-product-compliance
Lightning Source LLC
Chambersburg PA
CBHW040825180526
45159CB00001B/70